伽利略搜救信号处理关键技术研究与实现

JIALILÜE SOUJIU XINHAO CHULI
GUANJIAN JISHU YANJIU YU
SHIXIAN

董智红 / 著

文化发展出版社
Cultural Development Press
·北京·

图书在版编目（CIP）数据

伽利略搜救信号处理关键技术研究与实现 / 董智红著. — 北京：文化发展出版社，2024.10
ISBN 978-7-5142-4211-9

Ⅰ.①伽… Ⅱ.①董… Ⅲ.①全球定位系统-信号处理-研究 Ⅳ.①P228.4

中国国家版本馆CIP数据核字（2024）第016753号

伽利略搜救信号处理关键技术研究与实现

董智红 著

出 版 人：	宋　娜		
责任编辑：	李　毅　韦思卓	责任校对：	岳智勇
责任印制：	邓辉明	封面设计：	盟诺文化

出版发行：文化发展出版社（北京市翠微路2号 邮编：100036）
发行电话：010-88275993　010-88275710
网　　址：www.wenhuafazhan.com
经　　销：全国新华书店
印　　刷：北京建宏印刷有限公司
开　　本：710mm×1000mm　1/16
字　　数：156千字
印　　张：9.75
版　　次：2024年10月第1版
印　　次：2024年10月第1次印刷
定　　价：58.00元
ＩＳＢＮ：978-7-5142-4211-9

◆ 如有印装质量问题，请与我社印制部联系　电话：010-88275720

前言

中轨道搜救系统采用的是中轨道卫星星座，与COSPAS-SARSAT搜救系统相比，具有定位精度高、覆盖范围广、信号传输速度快和双向互动式通信的特点。伽利略搜救系统是中轨道搜救系统重要的组成部分，对其搜救信号处理关键技术的研究具有一定的理论价值和现实意义，也可为卫星在搜救领域的应用提供部分理论依据。本书以研制伽利略搜救系统本地用户终端站的信号处理设备为背景，系统地研究了伽利略搜救信号处理的关键技术，并给出了相应的FPGA实现方法。

全书共分七章，各章内容如下。

第1章，绪论。绪论介绍了伽利略搜救系统和搜救信号处理的现状，并给出了研制伽利略搜救信号处理设备的相关指标。

第2章，搜救信号处理方法和基本流程。本章介绍了搜救信标信号格式、接收信号数学描述，推导搜救信号的处理方法，并给出了相应的基本处理流程。

第3章，信号预检测与参数预估计算法及实现。本章介绍了利用搜救信标信号的纯载波部分检测单频信号，并得到频率的估计值。

第 4 章，信号检测与参数初估计算法及实现。本章介绍了利用搜救信标信号的位帧同步部分完成信号检测，并得到数据位宽和时延的初步估计，以及频率的较高精度估计。

第 5 章，解调解码与载噪比估计算法及实现。本章在频率、数据位宽和时延初步估计的基础上，采用锁相环、位同步环和 BCH 译码算法等得到了数据信息部分的用户信息，并采用极大似然估计利用纯载波部分得到了载噪比的估计值。

第 6 章，FOA 和 TOA 联合极大似然估计算法及实现。本章在参数估计的基础上，利用得到的用户信息，使用尽可能多的数据，采用多维联合搜索和极大似然估计得到 FOA 和 TOA 的高精度估计。

第 7 章，伽利略搜救信号处理设备的实测性能。本章利用搜救信标信号发生设备模拟产生伽利略搜救信号处理设备 SPE 所需的 70MHz 中频搜救信号，在不同输入参数的条件下得到 SPE 的实测性能。

在本书成书过程中，笔者得到了北京印刷学院曹鹏教授的大力支持和精心指导，在此深表感谢。同时，感谢一起奋斗的师兄弟姐妹，以及同事和研究生。另外，本书的出版得到北京印刷学院校内项目（21090123009）的资助。

由于时间所限，本书难免存在疏漏之处，敬请广大读者批评指正。

董智红

2024 年 5 月

目录 Contents

- 第1章　绪论 ... 001

    1.1　伽利略搜救系统简介 ... 003

    1.2　搜救信号处理分析 ... 005

    1.3　关键技术指标 ... 008

- 第2章　搜救信号处理方法与基本流程 ... 011

    2.1　引言 ... 013

    2.2　搜救信标信号格式 ... 013

    2.3　接收信号数学描述 ... 014

    2.4　搜救信号处理方法 ... 017

     2.4.1　基于纯载波的信号预检测与参数预估计方法 ... 018

     2.4.2　基于位帧同步的信号检测与参数初估计方法 ... 019

     2.4.3　信标信号的解调解码与载噪比估计方法 ... 023

     2.4.4　FOA 和 TOA 的联合 ML 估计方法 ... 023

    2.5　搜救信号的基本处理流程 ... 025

     2.5.1　单通道信标信号的基本处理流程 ... 025

     2.5.2　单通道信标信号 FPGA 实现框图 ... 027

2.6　本章小结 ... 027

第3章　信号预检测与参数预估计算法及实现 ... 029

3.1　引言 ... 031

 3.1.1　相参积累 ... 032

 3.1.2　恒虚警判决 ... 033

3.2　信号预检测与参数预估计算法处理流程 ... 035

3.3　抽取滤波器的设计 ... 037

3.4　信号预检测算法参数的选取 ... 040

 3.4.1　信标信号的频谱特性 ... 041

 3.4.2　检测门限 ... 042

 3.4.3　信号积累长度 ... 043

 3.4.4　噪声基底范围 ... 045

 3.4.5　判决策略 ... 047

3.5　频率估计精度的改善方法 ... 048

 3.5.1　窗函数的选择 ... 048

 3.5.2　面积重心法 ... 049

3.6　FIR 低通滤波器的设计实现 ... 050

 3.6.1　参数设计 ... 051

 3.6.2　FPGA 设计的实现 ... 051

3.7　其他问题的解决措施 ... 054

 3.7.1　信号串扰的抑制 ... 054

 3.7.2　单信标多检问题的解决办法 ... 056

3.8　信号预检测与参数预估计算法性能仿真验证 ... 056

3.9　信号预检测与参数预估计算法 FPGA 的实现 ... 058

3.10　本章小结 ... 059

第4章　信号检测与参数初估计算法及实现 ... 061

4.1　引言 ... 063

4.2 信号检测与参数初估计算法处理流程 ... 064
    4.2.1 需考虑的问题 ... 064
    4.2.2 处理流程 ... 066
4.3 信号检测与参数初估计算法的关键参数设计 ... 068
    4.3.1 体积重心法 ... 068
    4.3.2 数据位宽的搜索范围和步长 ... 069
    4.3.3 时延维的相关长度和步长 ... 071
    4.3.4 检测判决参数 ... 073
4.4 信号检测与参数初估计算法性能仿真验证 ... 077
4.5 信号检测与参数初估计算法 FPGA 的实现 ... 079
4.6 本章小结 ... 080

第 5 章　解调解码与载噪比估计算法及实现 ... 081

5.1 引言 ... 083
5.2 搜救信号解调解码算法设计 ... 083
    5.2.1 载波锁相环 ... 085
    5.2.2 位同步环 ... 090
    5.2.3 曼彻斯特解码 ... 092
5.3 BCH 译码算法设计 ... 093
    5.3.1 BCH 译码的流程 ... 095
    5.3.2 计算伴随式 ... 096
    5.3.3 计算差错多项式 ... 096
    5.3.4 求差错位置 ... 099
5.4 载噪比估计算法设计 ... 101
    5.4.1 算法原理 ... 101
    5.4.2 参数选择 ... 103
5.5 解调解码与载噪比估计算法性能仿真验证 ... 108
    5.5.1 误码率统计结果 ... 109
    5.5.2 载噪比估计性能 ... 110

5.6　解调解码与载噪比估计算法 FPGA 的实现 ... 110

5.7　本章小结 ... 112

第 6 章　FOA 和 TOA 联合极大似然估计算法及实现 ... 113

6.1　引言 ... 115

6.2　信号特征参数对估计算法的影响 ... 115

 6.2.1　信标信号特征参数 ... 115

 6.2.2　参数估计算法解析 ... 118

6.3　FOA 和 TOA 联合极大似然估计算法 ... 120

 6.3.1　FOA 和 TOA 联合极大似然估计算法的关键参数设计 ... 120

 6.3.2　FOA 和 TOA 联合极大似然估计算法性能仿真验证 ... 127

 6.3.3　FOA 和 TOA 联合极大似然估计算法 FPGA 的实现 ... 128

6.4　本章小结 ... 129

第 7 章　伽利略搜救信号处理设备的实测性能 ... 131

7.1　引言 ... 133

7.2　虚警概率测试 ... 133

7.3　处理容量测试 ... 133

7.4　载噪比估计精度测试 ... 134

7.5　检测概率和误码率测试 ... 136

7.6　TOA 和 FOA 估计精度测试 ... 137

 7.6.1　指标测试 ... 137

 7.6.2　能力考查 ... 139

7.7　本章小结 ... 140

参考文献 ... 141

第 1 章 绪论

1.1 伽利略搜救系统简介

伽利略（Galileo）计划是由欧洲航天局和欧盟发起，以欧盟为主并联合多国共同研发的国际合作项目，可提供高精度的定位服务，实现完全非军方控制、管理，具有覆盖全球的卫星导航和定位功能，是迄今为止欧洲开发的、最重要的航天计划，是世界上第一个基于民用的全球卫星导航定位系统。伽利略搜救系统除提供四项基本的卫星导航服务（公用信息服务、商业服务、生命安全服务和公众管理服务），还支持一项与现有的国际搜索与救援系统——COSPAS-SARSAT 系统关系密切的搜索和救援（Search and Rescue，SAR）服务。

COSPAS-SARSAT 系统是由加拿大、法国、美国等国联合开发的全球性卫星搜救系统，该系统由用户段、空间段和地面段三大部分构成。目前，COSPAS-SARSAT 系统要求全球所有大型船舶、航空器和陆地用户必须装备统一的 406MHz 遇险示位信标，以取代以前大量使用的 121.5MHz 和 243MHz 频率的信标信号。目前，COSPAS-SARSAT 系统的空间段中有 5 颗低轨道卫星用于低轨道（Low Earth Orbit system，LEO）卫星搜救系统；9 颗静止轨道卫星用于静止轨道（Geostationary Earth Orbit system，GEO）卫星搜救系统。搜救载荷由美国、俄罗斯、法国和加拿大四国提供。地面段由遍布全球的地面用户终端和任务控制中心构成，其功能主要是对下行信号处理、定位并实时修正其跟踪卫星的轨道参数。目前已经有 119 个可接收低中高轨道卫星的本地用户终端和 57 个任务控制中心（MCC）在全球范围内使用。

COSPAS-SARSAT 系统为进一步提高定位精度、增加覆盖范围、缩短定位时间、实现实时搜救处理，计划建设中轨道全球卫星搜索与救援系统（Medium Earth Orbit Search and Rescue，MEOSAR），包括全球主要的中轨道卫星星座——GPS、GALILEO 和 GLONASS。

SAR/Galileo 系统是伽利略系统中的搜救系统，由遇险信标机、伽利略卫星、中轨道地面用户终端（Medium Earth Orbit Local User Terminal，MEOLUT）、地面任务控制中心（Mission Control Centre，MCC）、搜救协调中心（Rescue Coordination Centre，RCC）、伽利略地面上行站（GSM/ULS）等组成，如图1.1所示。

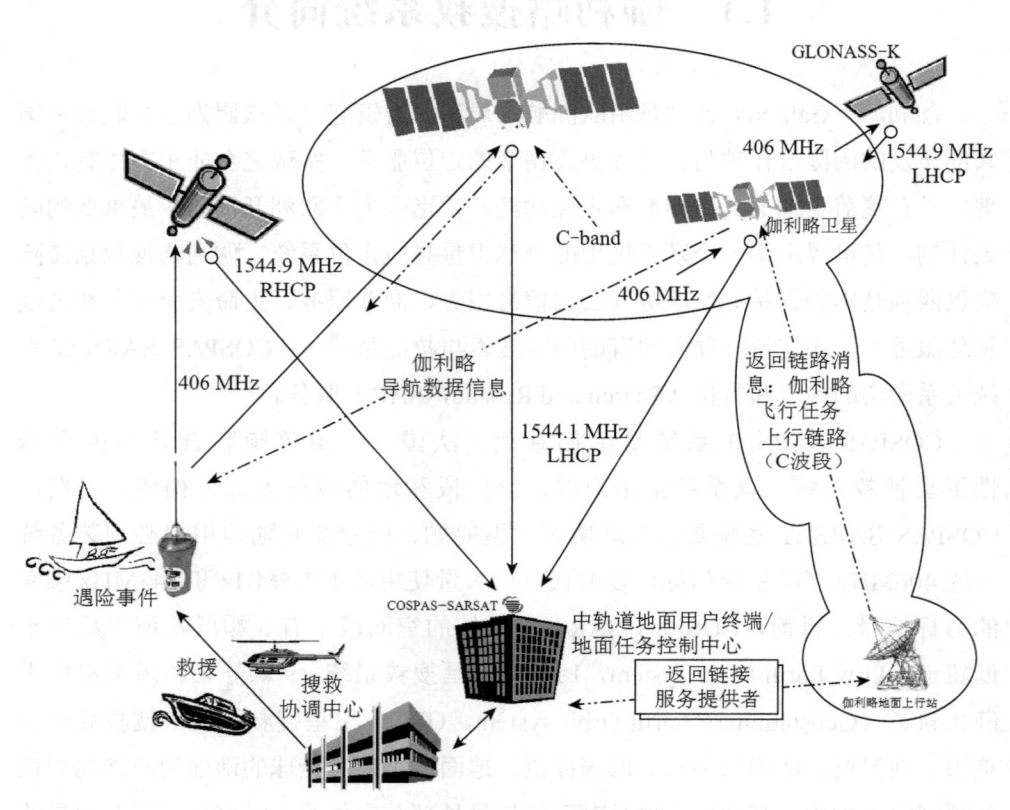

图 1.1　SAR/Galileo 搜救系统

SAR/Galileo 系统的工作原理可简单描述为：遇险信标机发送的406MHz 搜救信标信号由搜救卫星接收后变频并转发，接着被遍布全球的MEOLUT接收，MEOLUT 负责信号的检测、解调、参数估计、确定遇险信标的位置，并把信标的报警数据和统计信息发送给相应的MCC，MCC 把从LUT 与其他MCC 送来的数据进行收集、整理、储存和分类，过滤虚假报警信息，解除模糊值，并以最快的速度把报警和定位数据发送到最合适的RCC，使遇险者能够得到及时有效的救援。

我国于2006年加入中欧合作项目——伽利略中轨卫星搜救接收站

(MEOLUT)，这与我国承担的伽利略搜救系统前向链路服务端到端验证（EEV）和星上搜救转发器一起，构成了一个完整的星地大系统，这也是我国在伽利略系统中唯一承担的完整的系统级项目。

覆盖亚洲的中国 MEOLUT 地面站的建设，不仅将极大地提高 COSPAS-SARSAT 系统的运行能力，还将提高西北太平洋地区周边国家的遇险报警能力，同时，我国在亚洲区域卫星搜救大国的地位将得以确立。

1.2 搜救信号处理分析

MEOLUT 系统作为伽利略搜救系统的核心地面处理系统，主要用于处理卫星转发的遇险信标信号，检测并恢复信号信息的同时对信号进行精确定位，并将定位信息送至搜救任务控制中心。

MEOLUT 系统的研制刚刚起步，目前美国、加拿大、中国、俄罗斯和印度的 MEOLUT 系统的原型站都刚开始建设和测试，因此关于搜救信号处理算法研究的参考文献和技术资料都比较少，而且出于商业化考虑，相关核心的具体算法一般都没有公开发布。

美国从 2003 年着手研制新一代的 MEOLUT 系统，2006 年开始在马里兰州建立了一个实验用 MEOLUT 系统的原型用于演示验证阶段（proof-of-concept and demonstration and evaluation phase），该 MEOLUT 原型站由 4 副 S/L 双馈源多极化的 4.27m 口径天线、地面处理器和测试设施组成，测试设施包括测试信标和分析软件。其主要在 4 个模式下进行实验：（1）正常工作模式；（2）测试信标功率变化模式；（3）测试信标信号参数变化模式；（4）干扰源定位模式。POC 阶段测试报告显示，核心指标检测概率（检测到信标信号，TOA 的精度在 25μs，FOA 的精度在 0.5Hz，正确回复信标信息，错误符号少于 2 个的情况）优于 99%（5 分钟内）的指标要求；在目前卫星数目不足的情况下无法达到 MIP 的要求——10 分钟连续观测情况下，定位精度优于 5km（2 倍标准差）的概率超过 98%；三颗卫星定位精度概率分别为 85%（5 分钟连续观测）、92%（10 分钟连续观测）、94%（15 分钟连续观测），四颗卫星定位精度概率分别为 91%（5 分钟连续观测）、96%（10 分钟连续观测）、97%（15 分钟连续观测）。分析认为，出现这种情况的主要原因包括卫星数目不足、观测到的卫星几何构型不理想等。

加拿大作为 COSPAS-SARSAT 系统的创建国之一，一直在全球卫星搜救系统的研制中发挥着重要作用。加拿大通信研究中心研制的 MEOLUT 原型站是在原来的 GEOLUT 基础上改建而成，它使用其专利处理器"频谱检测者"（Spectrum Explorer）基于 FFT 和矢量信号分析进行信号的后处理，提出基于混合"MEO+GEO"卫星的最小二乘估计定位算法。

欧洲航天局的 MEOLUT 研制基于伽利略项目，原型由西班牙的 INDRA 公司承制，使用基于快速 FFT 和 TPD 信号相关算法得到搜救信号参数估计值。俄罗斯信号处理设备的设计方案未公开发布，技术指标：多普勒频率分辨率为 0.1Hz（标准差），时延测量精度为 15μs（标准差）。

MEOLUT 的核心任务是对遇险信标信号进行定位，而定位精度的高低取决于信号处理设备（Signal Processing Equipment，SPE）得到的到达频率（Frequency of Arrival，FOA）和到达时间（Time of Arrival，TOA）的参数估计精度。因此，我们在这里首先介绍一下参数 FOA 和 TOA 的定义，然后对现有的频率和时延估计方法进行简单描述。

搜救信标信号分为三个部分：纯载波部分、位帧同步部分、数据信息部分；纯载波和位帧同步部分是固定的，不因信标机的不同而变化，而数据信息内容对于不同信标机则是不同的。简单的信标信号格式如表 1.1 所示。

表 1.1　信标信号格式

160ms 纯载波	bit1-15 位同步	bit16-24 帧同步	bit25-144 数据信息

TOA 时刻定义为信标信号第 24bit 末尾到达 MEOLUT 的时间，如图 1.2 所示，因为信标信号中的数据采用曼彻斯特编码，所以每个比特中都存在相位跳变。FOA 定义为信标信号在 TOA 时刻的瞬时载波频率。

图 1.2 TOA 时刻的定义

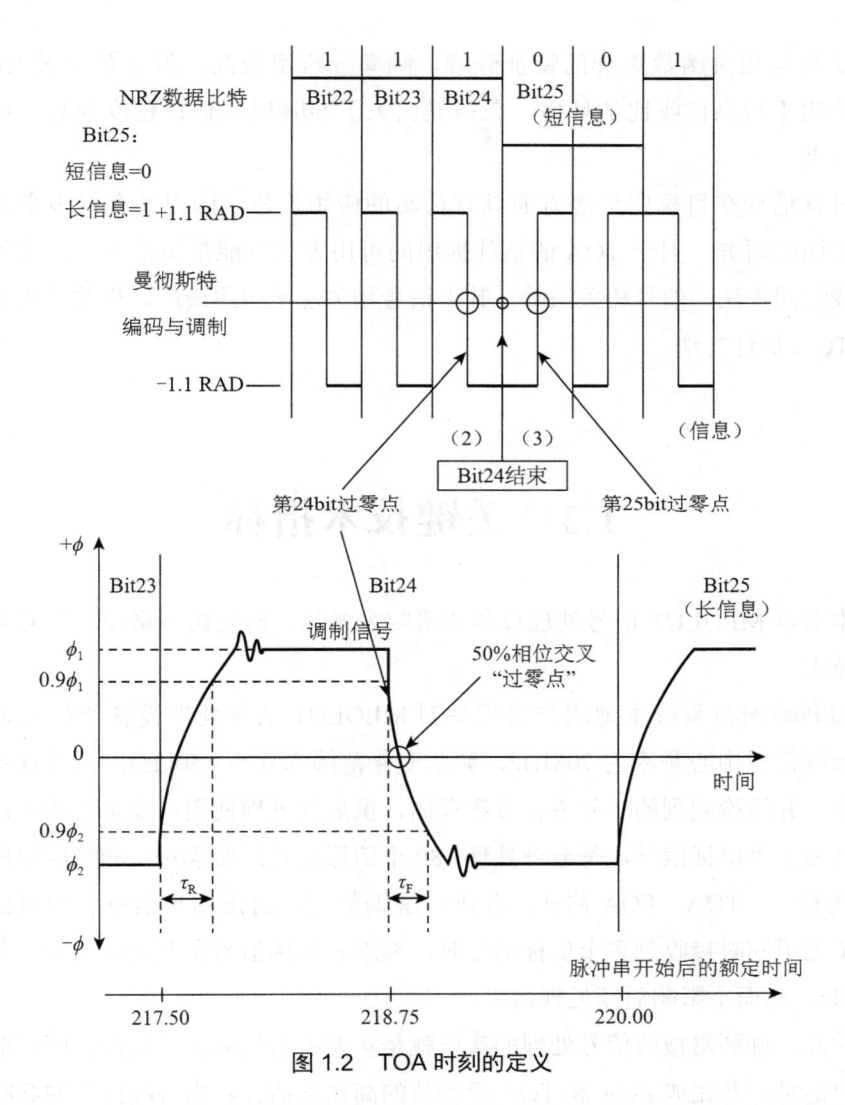

频率估计作为现代信号处理中最具价值的技术之一，已有许多成熟的估计方法，其中比较典型的 FOA 估计算法有 FFT 方法、周期图法、最大似然法、Burg 法、MUSIC 算法、Kay 方法。传统的 FFT 方法和周期图法总体性能稳定、运算量较小且实现容易，但频率估计精度受频率分辨率限制；最大似然法是无偏估计，具有较高的频率分辨率；Burg 法用一个给定阶次的 AR 模型对信号进行功率谱密度估计，适用于较短的时间序列，频率分辨率高；MUSIC 算法基于

接收信号自相关函数矩阵的特征分解,频率分辨率很高,但计算量很大;Kay方法适用于较高信噪比的环境,在信噪比大于 6dB 时,估计精度很高,可达到 CRB 下界。

时延估计在目标定位等方面具有很高的应用价值,国内外有很多学者致力于此方面的研究,对于 TOA 的估计提出的可用方法有能量级检测法、比特同步法、载波同步法、信号相关法等,其中信号相关法是应用最广,也被认为是最合适的 TOA 估计方法。

1.3 关键技术指标

本书以 MEOLUT 信号处理设备的研制为背景,研究伽利略搜救信号处理的关键技术。

伽利略搜救系统本地用户终端站对 MEOLUT 信号处理设备的相关要求如下:接收信号中心频率为 70MHz,频率变化范围为 0～+50kHz,须进行实时信号检测,并将检测到的信号进行分离存储,供后续处理使用;要求每通道最多可同时处理 5 个信标信号,每分钟处理 180 个信标信号;要求对检测到的信标信号进行载噪比、TOA、FOA 估计,并进行解调解码,给出用户信息和纠错信息;当一个通道同时接收到多个信标信号时,要求各信标信号相互之间的频率差不小于 3kHz,从而不影响后续处理结果。

因此,伽利略搜救信号处理的实质就是实现搜救信标信号检测、解调解码得到用户信息,并完成 FOA 和 TOA 等参数的高精度估计。当接收信号的载噪比为 34.8dBHz 时,各参数的指标要求如下:

(1)检测概率 ≥ 99.99%(在虚警概率为 $1×10^{-4}$ 时,5 分钟内)。

(2)TOA ≤ 13μs(标准差)。

(3)FOA ≤ 0.05Hz(标准差)。

(4)误码率 ≤ $5×10^{-5}$。

(5)虚警概率 ≤ $1×10^{-4}$。

（6）载噪比≤0.5dB（载噪比在33~40dBHz范围的标准差）

研究时所采取的指导思想是：既要注意所研制系统的特殊性，又要考虑搜救系统的一般性；既要解决现有项目中的技术难点，又要着眼于搜救信标信号处理技术的未来发展需求。

根据搜救信标信号的特征，可分为纯载波部分、位帧同步部分和数据信息部分，本书指出搜救信标信号的处理本质上是一个具有未知确定性参数的确定性信号检测和参数估计问题。为了工程的可实现性，将该问题分解成易于求解的几个子问题，通过顺序求解这些子问题，逐步完成搜救信号的检测与参数估计等处理。同时，针对项目中的具体指标要求，考虑各子问题处理过程中的各种影响因素，对其进行分析并提出最佳解决方案，最终通过仿真分析以及工程实现验证了关键技术的正确性与可行性。

第 2 章 搜救信号处理方法与基本流程

第 2 章　搜救信号处理方法与基本流程

2.1　引言

本书以 MEOLUT 信号处理设备 SPE 的研制为背景，研究伽利略搜救信号处理的关键技术，伽利略搜救信号处理的实质就是实现搜救信标信号检测、解调解码得到用户信息，并且完成 FOA 和 TOA 的高精度估计。因此，本章首先介绍伽利略搜救信标信号的格式，并且为方便后续理论分析，对搜救信标信号进行数学建模，在用数学公式描述信标信号各部分特征的基础上，利用统计信号处理的基本理论推导出单个信标信号的处理方法，并给出基本处理流程。

2.2　搜救信标信号格式

搜救信标信号采用突发方式，发射周期为 50s±5%，采用非恒定的发射周期是为了减少同时被激活的信标信号在时间上的冲突；码速率为 400bps±1%；信标信号分为长信息和短信息两种格式，长度分别为 520ms±1% 和 440ms±1%。标准信息格式如表 2.1 所示，长短信息可根据标志位与信息数据的比特数区分。

表 2.1　标准信息格式

短信息格式	160ms 纯载波	bit1-15 位同步	bit16-24 帧同步	bit25 标志 0	bit26-112 信息数据
长信息格式	160ms 纯载波	bit1-15 位同步	bit16-24 帧同步	bit25 标志 1	bit26-144 信息数据

信息数据先经 BCH 编码和曼彻斯特编码，再进行残留载波非归零二相编码，BPSK 载波调制相位相对于无调制载波为 1.1±0.1 弧度，如图 2.1 所示。对于 bit25-85，在后面补 45 个零后采用 BCH（127，106）编码 [简称为 BCH

（82，61）编码]，21bits 纠错信息放在 bit86-106，bit107-112 不作 BCH 编码；对于长信息，除了具有 BCH（82，61）编码，它的 bit107-132 后面补 25 个零后采用 BCH（63，51）编码 [简称为 BCH（38，26）编码]，12bits 纠错信息放在 bit133-144。

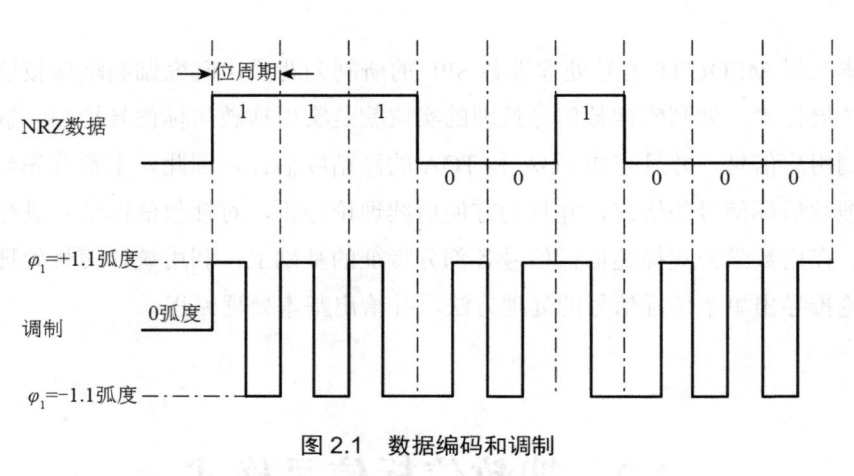

图 2.1 数据编码和调制

2.3 接收信号数学描述

定义矩形窗函数为

$$R\left(\frac{t}{T}\right) = \begin{cases} 1, & -\frac{T}{2} \leq t \leq \frac{T}{2} \\ 0, & 其他 \end{cases} \quad (2.1)$$

那么，曼彻斯特脉冲可表示为

$$p_{\text{man}}(t) = R\left(\frac{t - \frac{T_b}{4}}{\frac{T_b}{2}}\right) - R\left(\frac{t - \frac{3T_b}{4}}{\frac{T_b}{2}}\right) \quad (2.2)$$

其中，T_b 为数据位宽（码速率的倒数）。

第 2 章 搜救信号处理方法与基本流程

天线接收到的单个信标信号可表示为

$$x(t) = A'\cos\left[2\pi\left(f_c t + f_d t + \frac{1}{2}f_d' t^2\right) + \phi(t,T_b,\tau_0) + \phi_0\right] R\left[\frac{t - \frac{L-88}{2}T_b - \tau_0}{(88+L)T_b}\right] \quad (2.3)$$

其中，A' 为接收信号幅度，f_c 为标称载波频率，ϕ_0 为初始相位（可为任意值），L 为不包含位帧同步的用户数据编码序列长度（短信息 $L=88$，长信息 $L=120$），f_d 为 $t=0$ 时刻包含信标信号频率不准确度和多普勒效应在内的载波偏移，f_d' 为包含信标信号频率漂移和多普勒效应在内的载波偏移变化率，τ_0 为信标信号第 24 个数据位结束时刻的时间，即 TOA，有：

$$\phi(t,T_b,\tau_0) = \begin{cases} \sum_{k=1}^{L+24} 1.1 b_k p_{\max}\left[t + (25-k)T_b - \tau_0\right], & -24T_b \leq t - \tau_0 < LT_b \\ 0, & \text{其他} \end{cases} \quad (2.4)$$

其中，$b_k = \pm 1$ 为第 k 位数据。

信号处理需估计的参数有载波偏移（f_d 和 f_d'）、信标信号的 TOA（τ_0）和数据位宽（T_b），并由上述参数确定第 24 个数据位结束时刻的载波偏移，即 FOA。

利用频率为 f_c 的高稳定本振对式（2.3）信号作正交解调和低通滤波，可得基带信号

$$\begin{aligned} r(t) &= s(t) + w(t) \\ &= A\exp\left[j2\pi\left(f_d t + \frac{1}{2}f_d' t^2\right) + j\phi(t,T_b,\tau_0) + j\phi_0\right] R\left[\frac{t - \frac{L-88}{2}T_b - \tau_0}{(88+L)T_b}\right] + w(t) \end{aligned}$$

$$(2.5)$$

其中，$w(t)$ 为接收机内部的基带噪声；$s(t)$ 为基带信标信号，可表示为三个部分：

（a）纯载波部分。

$$s_T(t) = A\exp\left[j2\pi\left(f_d t + \frac{1}{2}f_d' t^2\right) + j\phi_0\right] R\left(\frac{t + 56T_b - \tau_0}{64T_b}\right) \quad (2.6)$$

(b) 位帧同步部分。

$$s_P(t) = A\exp\left[j2\pi\left(f_d t + \frac{1}{2}f_d'' t^2\right) + j\phi(t,T_b,\tau_0) + j\phi_0\right]R\left(\frac{t+12T_b-\tau_0}{24T_b}\right) \quad (2.7)$$

(c) 数据信息部分。

$$s_D(t) = A\exp\left[j2\pi\left(f_d t + \frac{1}{2}f_d'' t^2\right) + j\phi(t,T_b,\tau_0) + j\phi_0\right]R\left(\frac{t-\frac{LT_b}{2}-\tau_0}{LT_b}\right) \quad (2.8)$$

当 f_d' 很小时，可忽略载波偏移的变化，用信标信号持续时间内的平均载波偏移 $\bar{f}_d$ 来近似表示式（2.5）的基带接收信号，即

$$\begin{aligned}r(t) &= s(t) + w(t) \\ &= A\exp\left[j2\pi\bar{f}_d t + j\phi(t,T_b,\tau_0) + j\phi_0\right]R\left(\frac{t-\frac{88-L}{2}T_b-\tau_0}{(88+L)T_b}\right) + w(t)\end{aligned} \quad (2.9)$$

相应的纯载波部分、位帧同步部分和数据信息部分也可近似表示为

$$s_T(t) = A\exp\left[j2\pi\bar{f}_d t + j\phi_0\right]R\left(\frac{t+56T_b-\tau_0}{64T_b}\right) \quad (2.10)$$

$$s_P(t) = A\exp\left[j2\pi\bar{f}_d t + j\phi(t,T_b,\tau_0) + j\phi_0\right]R\left(\frac{t+12T_b-\tau_0}{24T_b}\right) \quad (2.11)$$

$$s_D(t) = A\exp\left[j2\pi\bar{f}_d t + j\phi(t,T_b,\tau_0) + j\phi_0\right]R\left(\frac{t-\frac{LT_b}{2}-\tau_0}{LT_b}\right) \quad (2.12)$$

搜救信号处理的核心任务是检测信标信号的存在，得到解调解码、BCH 纠错后的用户信息，以及 TOA、FOA 和数据位宽等参数的估计值。

2.4 搜救信号处理方法

从 $t=t_0$ 开始，以采样间隔 T_s 对基带接收信号进行采样量化，得到的一帧信号

$$r(n)=r(t_0+nT_s), \quad \{n=0,1,\cdots,N-1\} \tag{2.13}$$

由于信标信号分布在 100kHz 的带宽内，所以采样间隔应小于 5μs。

单通道信标信号的处理本质上是一个具有未知确定性参数 $A_0=A\exp(j\phi_0)$、$\bar{f}_d$、T_b、τ_0 和 $\{b_k; k=25, 26, \cdots, L+24\}$ 的确定性信号检测和参数估计问题。记 $\Theta=[A_0, \bar{f}_d, \tau_0, T_b]^T$，$\mathbf{b}=[b_{25}, b_{26},\cdots, b_{L+24}]$，则该信号检测问题可表示为以下假设检验问题[29]：

$$\begin{cases} H_0: & r(n)=w(n), & n=0,1,\cdots,N-1 \\ H_1: & \begin{cases} r(n)=s(n;\Theta_1,\mathbf{b})+w(n); & n=0,1,\cdots,N-1 \\ -50\text{kHz} \leq \bar{f}_d \leq +50\text{kHz},\ 2.475\text{ms} \leq T_b \leq 2.525\text{ms},\ t_0 \leq \tau_0 \leq t_0+(N-1)T_s \end{cases} \end{cases} \tag{2.14}$$

假设接收机噪声 $\{w(n)\}$ 为独立同分布的高斯白噪声，根据统计信号处理理论，该问题可以采用广义似然比检验（GLRT）来实现准最佳检测和获得未知参数的极大似然（ML）估计，即若

$$\frac{p(\mathbf{r};\hat{\Theta}_1,\hat{\mathbf{b}},H_1)}{p(\mathbf{r};H_0)} > \gamma \tag{2.15}$$

则判定有信标信号存在，且

$$\hat{\Theta}_1, \hat{\mathbf{b}}=\arg\max_{\Theta_1,\mathbf{b}} p(\mathbf{r};\hat{\Theta}_1,\hat{\mathbf{b}},H_1) \tag{2.16}$$

其中，$\hat{\Theta}_1$ 和 $\hat{\mathbf{b}}$ 分别为 H_1 条件下 Θ_1 和 $\mathbf{b}$ 的 ML 估计值，γ 为判决门限，$p(\mathbf{r};\hat{\Theta}_1,\hat{\mathbf{b}},H_1)$ 为 H_1 条件下信号参数取 $\hat{\Theta}_1$ 和 $\hat{\mathbf{b}}$ 时接收数据 $\mathbf{r}$ 的概率密度，$p(\mathbf{r};H_0)$ 为 H_0 条件下接收数据 $\mathbf{r}$ 的概率密度。

在工程实现上,由于未知信号参数太多,直接求解式(2.16)的运算量太大。由于信标信号可分为纯载波部分、位帧同步部分和数据信息部分,可将该问题分解成易于求解的几个子问题,通过顺序求解这些子问题,得到式(2.16)的一个次优解。

2.4.1 基于纯载波的信号预检测与参数预估计方法

首先,因为信标信号存在式(2.10)的纯载波部分,所以,H_1 条件成立的前提是以下条件成立:

$$H_2: \begin{cases} r(n) = \begin{cases} w(n), & n = 0,1,\cdots,N_0-1 \\ A_0' e^{j2\pi \bar{f}_d T_s n} + w(n), & n = N_0, N_0+1,\cdots,N_0+M-1 \\ d(n)+w(n), & n = N_0+M, N_0+M+1,\cdots,N-1 \end{cases} \\ -50\text{kHz} \leqslant \bar{f}_d \leqslant +50\text{kHz}, \quad 0 \leqslant N_0 \leqslant N-M_1 \end{cases} \quad (2.17)$$

其中,$N_0 = \left\lceil \dfrac{\tau_0 - t_0 - 88T_b}{T_s} \right\rceil$ 为未知的信标信号起始时刻,M 为小于等于信标信号纯载波部分采样点数的整数,$\{d(n)\}$ 为信标信号的其他部分,M_1 为小于等于位帧同步部分和数据信息部分采样点数的整数。

要确定 H_2 条件是否成立,可近似通过判别如下条件是否成立来实现:

$$H_3: \begin{cases} r(n) = \begin{cases} w(n), & n = 0,1,\cdots,N_0-1 \\ A_0' e^{j2\pi \bar{f}_d T_s n} + w(n), & n = N_0, N_0+1,\cdots,N_0+M-1 \\ w(n), & n = N_0+M, N_0+M+1,\cdots,N-1 \end{cases} \\ -50\text{kHz} \leqslant \bar{f}_d \leqslant +50\text{kHz}, \quad 0 \leqslant N_0 \leqslant N-M_1 \end{cases} \quad (2.18)$$

这是经典的幅度、相位、频率和到达时间均未知的正弦信号检测问题,可利用 FFT 计算不同 N_0 值对应的周期图,由周期图的最大值是否超过门限判别 H_2 条件是否成立,并在 H_2 条件成立时由最大值位置获得 $\bar{f}_d$ 和 N_0 的近似 ML 估计,分别记为 $\tilde{f}_{d0}$ 和 $\tilde{N}_{00}$。

以上内容即为利用信标信号的纯载波部分进行信标信号预检测和载波偏移、起始时刻的预估计的算法原理。若确有信标信号存在,则通过预检测和预估计,

就可获得载波偏移 $\bar{f}_d$ 比较精确的估计值和信标信号起始时刻 N_0 的初步估计值，从而大大缩小在后续处理中对这两个参数的搜索范围；同时，单个信标信号的带宽不大于 3kHz，只占 100kHz 总带宽的很小部分，因此，获得 $\tilde{f}_{d0}$ 后，可用其对信号进行下变频后再作降采样率处理。这两个方面均使后续处理的计算量大幅减小。此外，当存在时域重叠、频域不重叠的多个信标信号或干扰时，用 $\tilde{f}_{d0}$ 进行下变频后再作降采样率处理，也实现了不同信标信号的分离和干扰抑制。

在后文中，假设对信号已完成用 $\tilde{f}_{d0}$ 进行下变频并作降采样率处理，但相关参数仍用相同符号表示。

2.4.2 基于位帧同步的信号检测与参数初估计方法

由于任何窄带干扰均可能使 H_3 条件成立，由其成立并不能得出 H_1 条件，也必然成立和一定存在信标信号的结论。注意到信标信号的纯载波部分之后一定会有式（2.11）的位帧同步部分，因此，H_1 条件成立的前提是以下条件成立：

$$H_4: \begin{cases} r(n) = \begin{cases} w(n), & n = 0, 1, \cdots, N_1 - 1 \\ A_0' s_P(n; \bar{f}_d, T_b, \tau_0) + w(n), & n = N_1, N_1+1, \cdots, N_1+M_0-1 \\ d_1(n) + w(n), & n = N_1+M_0, N_1+M_0+1, \cdots, N-1 \end{cases} \\ -\Delta f_{d0} \leq \bar{f}_d \leq +\Delta f_{d0}, \ 2.475\text{ms} \leq T_b \leq 2.525\text{ms}, \\ t_0 + (\tilde{N}_{00} - \Delta N_{00})T_s + 88T_b \leq \tau_0 \leq t_0 + (\tilde{N}_{00} + \Delta N_{00})T_s + 88T_b \end{cases} \quad (2.19)$$

其中，$N_1 = \left\lceil \dfrac{\tau_0 - t_0 - 24T_b}{T_s} \right\rceil$ 为未知信标信号的位帧同步起始时刻，$M_0 = \left\lceil \dfrac{24T_b}{T_s} \right\rceil$，

$$s_P(n; \bar{f}_d, T_b, \tau_0) = \exp\left[j2\pi \bar{f}_d nT_s + j\sum_{k=1}^{24} 1.1 a_k p_{\text{man}}\left(t_0 + nT_s - \tau_0 + (25-k)T_b\right) \right. \\ \left. R\left(\dfrac{t_0 + nT_s - \tau_0 + 12T_b}{24T_b}\right) \right] \quad (2.20)$$

Δf_{d0} 和 ΔN_{00} 分别为 $\tilde{f}_{d0}$ 和 $\tilde{N}_{00}$ 对 $\bar{f}_d$ 和 N_0 估计误差的上界，$a_k = \pm 1$ 为位帧同步中的第 k 位数据。

要确定 H_4 条件是否成立，可近似通过判别如下条件是否成立来实现：

$$H_5: \begin{cases} r(n) = \begin{cases} w(n), & n = 0,1,\cdots,N_1-1 \\ A_0' s_P(n;\overline{f}_d,T_b,\tau_0) + w(n), & n = N_1, N_1+1,\cdots,N_1+M_0-1 \\ w(n), & n = N_1+M_0, N_1+M_0+1,\cdots,N-1 \end{cases} \\ -\Delta f_{d0} \leq \overline{f}_d \leq +\Delta f_{d0},\ 2.475\text{ms} \leq T_b \leq 2.525\text{ms}, \\ t_0 + (\tilde{N}_{00} - \Delta N_{00})T_s + 88T_b \leq \tau_0 \leq t_0 + (\tilde{N}_{00} + \Delta N_{00})T_s + 88T_b \end{cases} \quad (2.21)$$

由于

$$\begin{aligned}
& p(\mathbf{r}; A_0', \overline{f}_d, T_b, \tau_0, H_5) \\
&= \prod_{n=0}^{N_1-1} \frac{1}{\pi\sigma^2} \exp[-\frac{1}{\sigma^2}|r(n)|^2] \\
&\quad \prod_{n=N_1}^{N_1+M_0-1} \frac{1}{\pi\sigma^2} \exp[-\frac{1}{\sigma^2}|r(n) - A_0' s_P(n;\overline{f}_d,T_b,\tau_0)|^2] \\
&\quad \prod_{n=N_1+M_0}^{N-1} \frac{1}{\pi\sigma^2} \exp[-\frac{1}{\sigma^2}|r(n)|^2] \\
&= \prod_{n=0}^{N-1} \frac{1}{\pi\sigma^2} \exp[-\frac{1}{\sigma^2}|r(n)|^2] \\
&\quad \prod_{n=N_1}^{N_1+M_0-1} \exp\{-\frac{1}{\sigma^2}[-r(n)A_0'^* s_P^*(n;\overline{f}_d,T_b,\tau_0) - r^*(n)A_0' s_P(n;\overline{f}_d,T_b,\tau_0) + |A_0'|^2]\}
\end{aligned} \quad (2.22)$$

故 A_0', f_d, T_b, τ_0 的 ML 估计等价于求解如下非线性优化问题：

$$\tilde{A}_{01}', \tilde{f}_{d1}, \tilde{T}_{b1}, \tilde{\tau}_{01} = \arg\min_{A_0', \overline{f}_d, T_b, \tau_0} \sum_{n=N_1}^{N_1+M_0-1} [-r(n)A_0'^* s_P^*(n;\overline{f}_d,T_b,\tau_0) - r^*(n)A_0' s_P(n;\overline{f}_d,T_b,\tau_0) + |A_0'|^2] \quad (2.23)$$

对式（2.23）的优化函数关于 A_0' 求偏导，并令其等于 0，可得：

$$\sum_{n=N_1}^{N_1+M_0-1}[-r^*(n)s_P(n;\overline{f}_d,T_b,\tau_0) + A_0'^*] = 0 \quad (2.24)$$

即

$$A_0' = \frac{1}{M_0}\sum_{n=N_1}^{N_1+M_0-1} r(n)s_P^*(n;\overline{f}_d,T_b,\tau_0) \quad (2.25)$$

再将式（2.25）代入式（2.23）的优化函数，可得 $\overline{f}_d$, T_b, τ_0 的 ML 估计为

第 2 章　搜救信号处理方法与基本流程

$$\tilde{f}_{d1}, \tilde{T}_{b1}, \tilde{\tau}_{01} = \arg \max_{\overline{f}_d, T_b, \tau_0} \frac{1}{M_0} \left| \sum_{n=N_1}^{N_1+M_0-1} r(n) s^*_{P}(n; \overline{f}_d, T_b, \tau_0) \right|^2 \quad (2.26)$$

将其代入式（2.25），即可得到 A'_0 的 ML 估计值：

$$\tilde{A}'_{01} = \frac{1}{M_0} \sum_{n=N_1}^{N_1+M_0-1} r(n) s^*_{P}(n; \tilde{f}_{d1}, \tilde{T}_{b1}, \tilde{\tau}_{01}) \quad (2.27)$$

由式（2.22），可得

$$\frac{p(\mathbf{r}; A'_0, \overline{f}_d, T_b, \tau_0, H_5)}{p(\mathbf{r}; H_0)}$$
$$= \prod_{n=N_1}^{N_1+M_0-1} \exp\{-\frac{1}{\sigma^2}[-r(n) A'^*_0 s^*_{P}(n; \overline{f}_d, T_b, \tau_0) - r^*(n) A'_0 s_{P}(n; \overline{f}_d, T_b, \tau_0) + |A'_0|^2]\} \quad (2.28)$$

故

$$\frac{p(\mathbf{r}; \tilde{A}'_{01}, \tilde{f}_{d1}, \tilde{T}_{b1}, \tilde{\tau}_{01}, H_5)}{p(\mathbf{r}; H_0)} = \exp\left\{\frac{1}{\sigma^2} \frac{1}{M_0} \left| \sum_{n=N_1}^{N_1+M_0-1} r(n) s^*_{P}(n; \tilde{f}_{d1}, \tilde{T}_{b1}, \tilde{\tau}_{01}) \right|^2 \right\} \quad (2.29)$$

则信标信号存在或 H_5 条件成立的 GLRT 判决准则为

$$\exp\left\{\frac{1}{\sigma^2} \frac{1}{M_0} \left| \sum_{n=N_1}^{N_1+M_0-1} r(n) s^*_{P}(n; \tilde{f}_{d1}, \tilde{T}_{b1}, \tilde{\tau}_{01}) \right|^2 \right\} > \gamma \quad (2.30)$$

等价于

$$\frac{1}{M_0} \left| \sum_{n=N_1}^{N_1+M_0-1} r(n) s^*_{P}(n; \tilde{f}_{d1}, \tilde{T}_{b1}, \tilde{\tau}_{01}) \right|^2 > \sigma^2 \ln \gamma \quad (2.31)$$

可见，利用信标信号的位帧同步部分，我们可以进行信标信号的近似 GLRT 检测和参数的 ML 估计。记

$$J(\overline{f}_d, T_b, \tau_0) = \frac{1}{M_0} \left| \sum_{n=N_1}^{N_1+M_0-1} r(n) s^*_{P}(n; \overline{f}_d, T_b, \tau_0) \right|^2 \quad (2.32)$$

由式（2.26）和式（2.31），可计算不同 $\overline{f}_d$、T_b、τ_0 对应的函数值，由其最大值是否超过门限，判别信标信号是否存在，并在检测出信标信号时由最大值位置获得 $\overline{f}_d$、T_b、τ_0 的近似 ML 估计。如前文所述，利用信标信号预检测和载波偏移、起

始时刻的预估计获得的信息，在计算中，$\bar{f}_d$ 的取值范围可限制在 $[-\Delta f_{d0}, +\Delta f_{d0}]$；$\tau_0$ 的取值范围可限制在 $[t_0 + (\tilde{N}_{00} - \Delta N_{00})T_s + 88T_b, t_0 + (\tilde{N}_{00} + \Delta N_{00})T_s + 88T_b]$；由信标规范，可将 T_b 的取值范围限制在 $[2.475\text{ms}, 2.525\text{ms}]$。

需要指出，受搜索步长的限制，由离散格点上的函数值直接选大得到的 $\bar{f}_d$、T_b、τ_0 估计误差将与搜索步长相当。为突破搜索步长的限制，本书采用计算函数重心的方法得到信号参数的估计。

记计算函数 $J(\bar{f}_d, T_b, \tau_0)$ 所取的各参数点为 $\{\bar{f}_d(i); i = 1, 2, \cdots, I\}$、$\{T_b(l); l = 1, 2, \cdots, L\}$、$\{\tau_0(k); k = 1, 2, \cdots, K\}$，直接选大得到的参数为 $\left[\bar{f}_d(I_0), T_b(L_0), \tau_0(K_0)\right]$，对应的最大函数值为 $J_{\max}$，则计算参数估计值为

$$\tilde{f}_{d1} = \frac{\sum_{i=I_0-\Delta I}^{I_0+\Delta I} \sum_{l=L_0-\Delta L}^{L_0+\Delta L} \sum_{k=K_0-\Delta K}^{K_0+\Delta K} G\{J[\bar{f}_d(i), T_b(l), \tau_0(k)]\} \bar{f}_d(i)}{\sum_{i=I_0-\Delta I}^{I_0+\Delta I} \sum_{l=L_0-\Delta L}^{L_0+\Delta L} \sum_{k=K_0-\Delta K}^{K_0+\Delta K} G\{J[\bar{f}_d(i), T_b(l), \tau_0(k)]\}} \quad (2.33)$$

$$\tilde{T}_{b1} = \frac{\sum_{i=I_0-\Delta I}^{I_0+\Delta I} \sum_{l=L_0-\Delta L}^{L_0+\Delta L} \sum_{k=K_0-\Delta K}^{K_0+\Delta K} G\{J[\bar{f}_d(i), T_b(l), \tau_0(k)]\} T_b(l)}{\sum_{i=I_0-\Delta I}^{I_0+\Delta I} \sum_{l=L_0-\Delta L}^{L_0+\Delta L} \sum_{k=K_0-\Delta K}^{K_0+\Delta K} G\{J[\bar{f}_d(i), T_b(l), \tau_0(k)]\}} \quad (2.34)$$

$$\tilde{\tau}_{01} = \frac{\sum_{i=I_0-\Delta I}^{I_0+\Delta I} \sum_{l=L_0-\Delta L}^{L_0+\Delta L} \sum_{k=K_0-\Delta K}^{K_0+\Delta K} G\{J[\bar{f}_d(i), T_b(l), \tau_0(k)]\} \tau_0(k)}{\sum_{i=I_0-\Delta I}^{I_0+\Delta I} \sum_{l=L_0-\Delta L}^{L_0+\Delta L} \sum_{k=K_0-\Delta K}^{K_0+\Delta K} G\{J[\bar{f}_d(i), T_b(l), \tau_0(k)]\}} \quad (2.35)$$

其中，

$$G\{J[\bar{f}_d(i), T_b(l), \tau_0(k)]\} = \begin{cases} J[\bar{f}_d(i), T_b(l), \tau_0(k)], & J[\bar{f}_d(i), T_b(l), \tau_0(k)] > \eta J_{\max} \\ 0, & \text{其他} \end{cases} \quad (2.36)$$

ΔI，ΔL，ΔK 分别为控制计算函数重心时参数取值范围的常数，$0 < \eta \leq 1$ 为门限系数。

2.4.3 信标信号的解调解码与载噪比估计方法

在检测到信标信号的存在,并获得平均载波偏移 $\tilde{f}_{d1}$、信标信号第 24 个数据位结束时刻的时间 $\tilde{\tau}_{b1}$ 和数据位宽的初估计 $\tilde{T}_{b1}$ 后,以它们作为锁相环和位同步环的初始控制量,采用成熟的数字锁相技术和延迟锁定位同步技术,不难从 $\{r(n)\}$ 中解调出信标信号中的用户数据编码序列,记为 $\{\hat{b}_k; k=25, 26, \cdots, L+24\}$。

根据信标信号规范,对 $\{\hat{b}_k; k=25, 26, \cdots, L+24\}$ 进行 BCH 纠错译码,可以纠正 $\{\hat{b}_k; k=25, 26, \cdots, L+24\}$ 中的误码,即得到 $\{b_k; k=25, 26, \cdots, L+24\}$ 的新估计值,记作 $\{\tilde{\hat{b}}_k; k=25, 26, \cdots, L+24\}$。

根据已获得的平均载波偏移 $\tilde{f}_{d1}$、信标信号第 24 个数据位结束时刻的时间 $\tilde{\tau}_{b1}$ 和数据位宽的初估计 $\tilde{T}_{b1}$,确定位帧同步的起始时刻,然后向前取约 158ms 的纯载波数据,采用极大似然估计的方法得到信号信噪比的近似估计,并在最终输出时依据信号处理的频带宽度将其转换为载噪比。

2.4.4 FOA 和 TOA 的联合 ML 估计方法

在解调获得用户数据编码序列后,式(2.14)中未知参数 $\mathbf{b}=[b_{25}, b_{26}, \cdots, b_{L+88}]^T$ 可当作已知参数,即 $\mathbf{b}=[\tilde{b}_{25}, \tilde{b}_{26}, \cdots, \tilde{b}_{L+88}]^T$。在此情况下,接收信号可建模为:

$$r(n) = \begin{cases} w(n) &, n=0,1,\cdots,N_0-1 \\ A'_0 s_{\text{TPD}}(n; \overline{f}_d, T_b, \tau_0) + w(n) &, n=N_0, N_0+1, \cdots, N_0+M_2-1 \\ w(n) &, n=N_0+M_2, N_0+M_2+1, \cdots, N-1 \end{cases} \quad (2.37)$$

其中,$M_2 = \left\lceil \dfrac{(88+L)T_b}{T_s} \right\rceil$,

$$\begin{aligned}&s_{TPD}(n;\overline{f}_d,T_b,\tau_0)\\&=\exp\left[j2\pi\overline{f}_d nT_s\right]R\left(\frac{t_0+nT_s-\tau_0+56T_b}{64T_b}\right)+\\&\exp\left[j2\pi\overline{f}_d nT_s+j\sum_{k=1}^{24}1.1a_k p_{\max}\left(t_0+nT_s-\tau_0+(25-k)T_b\right)\right]R\left(\frac{t_0+nT_s-\tau_0+12T_b}{24T_b}\right)+\\&\exp\left[j2\pi\overline{f}_d nT_s+j\sum_{k=25}^{24+L}1.1\tilde{b}_k p_{\max}\left(t_0+nT_s-\tau_0+(25-k)T_b\right)\right]R\left(\frac{t_0+nT_s-\tau_0-\frac{LT_b}{2}}{LT_b}\right)\end{aligned}$$

(2.38)

由于

$$\begin{aligned}&p(\mathbf{r};A_0',\overline{f}_d,T_b,\tau_0,H_1)\\&=\prod_{n=0}^{N_0-1}\frac{1}{\pi\sigma^2}\exp[-\frac{1}{\sigma^2}|r(n)|^2]\\&\prod_{n=N_0}^{N_0+M_2-1}\frac{1}{\pi\sigma^2}\exp[-\frac{1}{\sigma^2}|r(n)-A_0's_{TPD}(n;\overline{f}_d,T_b,\tau_0)|^2]\\&\prod_{n=N_0+M_2}^{N-1}\frac{1}{\pi\sigma^2}\exp[-\frac{1}{\sigma^2}|r(n)|^2]\\&=\prod_{n=0}^{N-1}\frac{1}{\pi\sigma^2}\exp[-\frac{1}{\sigma^2}|r(n)|^2]\\&\prod_{n=N_0}^{N_0+M_2-1}\exp\{-\frac{1}{\sigma^2}[-r(n)A_0'^*s^*_{TPD}(n;\overline{f}_d,T_b,\tau_0)-r^*(n)A_0's_{TPD}(n;\overline{f}_d,T_b,\tau_0)+|A_0'|^2]\}\end{aligned}$$

(2.39)

故 A_0', $\overline{f}_d$, T_b, τ_0 的 ML 估计等价于求解如下非线性优化问题:

$$\tilde{A}_{02}',\tilde{f}_{d2},\tilde{T}_{b2},\tilde{\tau}_{02}=\arg\min_{A_0',\overline{f}_d,T_b,\tau_0}\sum_{n=N_0}^{N_0+M_2-1}[-r(n)A_0'^*s^*_{TPD}(n;\overline{f}_d,T_b,\tau_0)-r^*(n)A_0's_{TPD}(n;\overline{f}_d,T_b,\tau_0)+|A_0'|^2]$$

(2.40)

对式（2.40）的优化函数关于 A_0' 求偏导，并令其等于 0，可得：

$$\sum_{n=N_0}^{N_0+M_2-1}[-r^*(n)s_{TPD}(n;\overline{f}_d,T_b,\tau_0)+A_0'^*]=0$$

(2.41)

即

$$A_0' = \frac{1}{M_2} \sum_{n=N_0}^{N_0+M_2-1} r(n)s^*_{\text{TPD}}(n;\bar{f}_d,T_b,\tau_0) \tag{2.42}$$

再将式（2.42）代入式（2.40）的优化函数，可得 $\bar{f}_d$，T_b，τ_0 的 ML 估计为

$$\tilde{f}_{d2},\tilde{T}_{b2},\tilde{\tau}_{02} = \arg\max_{\bar{f}_d,T_b,\tau_0} \frac{1}{M_2} \left| \sum_{n=N_0}^{N_0+M_2-1} r(n)s^*_{\text{TPD}}(n;\bar{f}_d,T_b,\tau_0) \right|^2 \tag{2.43}$$

在以上估计过程中，无论遇险信标信号是长信息还是短信息，只能使用 88 位用户数据信息位。这样将使第 24 个数据位结束时刻成为数据段的中点，使估计出的平均载波偏移 $\tilde{f}_{d2}$ 可以作为第 24 个数据位结束时刻的载波偏移 f_{d0} 的估计值。

记

$$J_0(\bar{f}_d,T_b,\tau_0) = \frac{1}{M_2} \left| \sum_{n=N_0}^{N_0+M_2-1} r(n)s^*_{\text{TPD}}(n;\bar{f}_d,T_b,\tau_0) \right|^2 \tag{2.44}$$

计算不同 $\bar{f}_d$，T_b，τ_0 对应的函数值，由其最大值可获得 $\bar{f}_d$，T_b，τ_0 的近似 ML 估计值。由于通过式（2.33）～（2.35）已获得 $\bar{f}_d$，T_b，τ_0 的比较精确估计值，在计算函数值时它们的取值范围均可限制在较小的范围。

同样，为突破搜索步长的限制，需要采用式（2.33）～（2.36）同样的计算函数重心的方法得到最终的信号参数估计结果。

2.5 搜救信号的基本处理流程

本节根据 2.4 节的描述给出单通道信标信号的基本处理流程及其 FPGA 实现框图。

2.5.1 单通道信标信号的基本处理流程

根据信标信号的形式和算法原理，单通道信标信号的基本处理流程如下所述。

（1）对中频输入信号进行 40MHz 带通采样。

（2）对中频采样数据作10MHz数字正交下变频，得到基带信号，并作抽取滤波，将数据采样率降低到200kHz。

（3）基于纯载波的信号预检测与参数预估计。以10ms的时间间隔采用FFT相参积累和频域恒虚警检测的方法，在$-50\text{kHz} \sim +50\text{kHz}$频率范围实时检测出所有超过检测门限的频点并得到相应的频率估计值，对每个检测到的信号用获得的频率预估值做下变频并进行低通滤波后暂存，同时保证存储长度为650ms的数据帧中包含了完整的信标信号。

（4）基于位帧同步的信号检测与参数初估计。对暂存的每一个650ms数据帧，检测是否有位帧同步信息存在。在存在位帧同步信息时得到其信标信号TOA和数据位宽T_b的MLE估计值，并依据这些参数估计值得到更精确的信标信号起始位置，截取相应的数据存储供后续处理。

（5）信标信号解调解码与载噪比估计。利用位帧同步中得到的信标信号TOA和数据位宽T_b的MLE估计值及相应的存储数据，采用数字锁相技术和延迟锁定位同步技术，解调解码用户数据编码序列$\{\tilde{b}_k; k=25,26,\cdots,L+24\}$；利用上述信息得到位帧起始位置，向前取158ms的数据采用极大似然估计算法得到信号信噪比估计，然后依据频带宽带将其转换为载噪比。

（6）基于纯载波、位帧同步和用户数据编码的信号参数估计。利用位帧同步中得到的信标信号TOA、数据位宽T_b的ML估计值、解得的用户数据信息及相应的存储数据，获得FOA、TOA、数据位宽的最终估计值。

单通道信标信号的基本处理流程如图2.2所示。

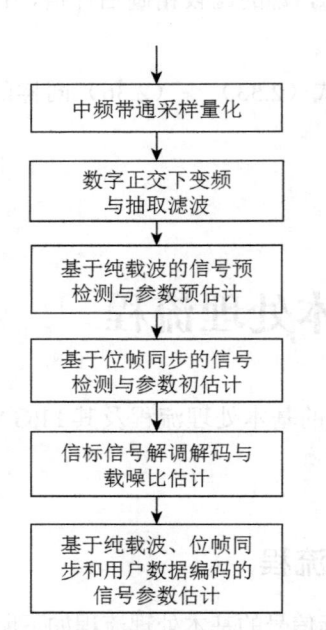

图2.2 单通道信标信号的基本处理流程

2.5.2 单通道信标信号 FPGA 实现框图

上述方法将在硬件平台上实现，其各关键步骤采用 FPGA 实现，各步骤间数据的存储和传递采用 DPRAM 实现，部分触发信号在各 FPGA 间直接相连，其对应的实现框图如图 2.3 所示。

AGC → A/D → FPGA-I → DPRAM1 → FPGA-II → DPRAM2 → FPGA-III → DPRAM3 → FPGA-IV → DPRAM4

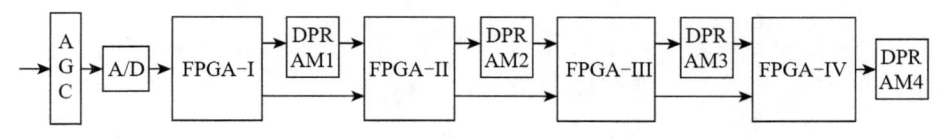

图 2.3　单通道信标信号 FPGA 实现框图

其中，AGC 和 A/D 属于模拟器件，分别完成自动增益控制和模数转换；FPGA-I 完成数字正交下变频、抽取滤波、纯载波的信号预检测和频率估计功能，并将分离出的信标数据存储在 DPRAM1 中；FPGA-II 实现基于位帧同步的信号检测和参数初估计，将本片 FPGA 及之前 FPGA 的估计结果和本片 FPGA 处理后的信标数据存储在 DPRAM2 中；FPGA-III 完成信标信号解调解码与载噪比估计，并将解得的用户信息、载噪比估计值以及之前 FPGA 的估计结果连同 DPRAM2 中的信标数据都写入 DPRAM3；FPGA-IV 完成最后的 TOA 和 FOA 参数精估计，并将整个通道处理过程中得到的所有信息连同处理后的信标数据都写入 DPRAM4，等待最终结果的读出和后续处理。

2.6　本章小结

本章首先介绍了伽利略搜救信标信号的格式，给出了相应的数学公式描述，并根据信标信号各部分特征的不同，将搜救信号分为三个部分——纯载波部分、位帧同步部分和数据信息部分；然后在此基础上，根据搜救信标信号的各部分特点，设计了单个信标信号的处理方法及基本处理流程：基于纯载波的信号预检测与参数预估计、基于位帧同步的信号检测与参数初估计、信标信号解调解码与载噪比估计、基于所有信息的 FOA 和 TOA 的联合 ML 估计值，并在描述的过程中给出详细的理论分析，得到最终所需的 FOA、TOA 高精度估计值和用户数据信息。

本章从原理上描述了单个信标信号的处理方法，在第 3～5 章中将针对信号处理流程中的四个关键步骤（对应四片 FPGA）进行详细的算法设计和实现分析，并针对具体实现提出部分改进措施。

第3章 信号预检测与参数预估计算法及实现

第 3 章　信号预检测与参数预估计算法及实现

3.1　引言

在 2.2 节中提到，整个搜救信标信号分为三个部分——纯载波部分、位帧同步部分、数据信息部分。纯载波部分和位帧同步部分是固定的，不因信标机的不同而变化，而数据信息内容对于不同信标机则是不同的。位帧同步部分和数据信息部分均采用残留载波非归零二相编码，这种编码方式的一个显著特点是相邻的相同比特会产生信号的变化，而相邻的不同比特则保持信号状态。该特点使得接收端能够根据信号的变化来恢复原始的数字数据。NRZI 编码的优点之一是在传输过程中信号的直流分量保持为零，这样可以避免在长距离传输中的信号出现失真。然而，NRZI 编码也有一些缺点，如对时钟同步的要求比较高，而且长串连的零比特可能导致信号丧失同步。

根据搜救信标信号的以上特点，其检测采用两步实现。

（1）针对纯载波部分，采用 FFT 相参积累和频域恒虚警判决相结合的方法实现单频信号检测。

FFT 相参积累是一种高灵敏度的频域信号处理技术。在频域上对信号进行分析，可以有效地提取出信号的特征信息，使得对单频信号的检测更加准确和可靠，同时可以通过选择合适的积累时长来提高对低信噪比环境下信号的检测性能，增强对干扰的抵抗能力。频域恒虚警判决可以降低在非信号频率上误判的概率，提高检测算法的可靠性。FFT 相参积累和频域恒虚警判决通常具有较快的实时处理能力，适用于需要即时响应的应用场景。

（2）针对位帧同步部分，采用广义似然比检验（GLRT），在确认位帧同步存在的同时可得到 FOA、TOA 和数据位宽的初步估计值。在这两步都得到肯定结果的情况下，认为存在搜救信标信号，完成搜救信号检测。

GLRT 是一种统计推断方法，可以在不依赖先验知识的情况下，通过对信号的统计特性进行分析，实现对同步状态的判定。这使得 GLRT 在面对不同的信号环境和噪声条件下，依然能保持较高的同步性能。

本章介绍检测的第一步——基于纯载波的信号预检测与参数预估计。首先介绍算法处理流程，然后分别介绍算法处理过程中抽取滤波器的设计、信号检测参数的选取、改善频率估计精度的方法，以及 FIR 低通滤波器的设计等，最后给出算法性能统计和 FPGA 的实现结果，并对本章内容进行总结。

本节将介绍相参积累和恒虚警判决的相关知识，为后续内容提供理论依据。

3.1.1 相参积累

在远距离目标探测过程中，回波信号通常十分微弱，信号幅度极小，由此导致接收信号的信噪比（SNR）明显降低，进而使得信号处理算法难以有效检测到目标，产生漏检情况。在脉冲体制雷达中，通常会对脉冲回波样本进行脉冲积累，目的是显著提升 SNR，进而有效提升雷达系统的检测性能。

相参积累是指对复数数据（含有幅度和相位信息）进行累积，而非相参积累只指对信号的幅度（可以是幅度的不同表示形式，如幅度的平方或幅度的对数值）进行累积，即信号包络简单相加。

在同等条件下，对回波信号进行相参积累后的信噪比优于非相参积累，原因是非相参积累方式损失了回波信号的相位信息，但相参脉冲积累处理实现起来比非相参脉冲积累复杂得多。虽然非相参积累方式在实现方面比较简单，但其积累增益总是小于积累脉冲数，回波信号的信噪比相对于相参积累损失较多，因此在有效性上不及相参积累算法。

假设雷达发射的是线性调频脉冲信号，发射能量只有一部分被反射回来。中频信号从接收机输出，输出信号中包含复包络为 $Ae^{i\phi}$ 的复回波信号，以及加性噪声 ω。假设在通带中噪声是功率为 σ^2 的随机过程，一个单脉冲的信噪比被定义为

$$X_1 = \frac{信号功率}{噪声功率} = \frac{A^2}{\sigma^2} \qquad (3.1)$$

设测量之后又重复了 $N-1$ 次，即在同一个方位上发射了相同的 N 个脉冲。假定观测的回波响应是相同的，而且每次观测的噪声样本是独立的。最后，这些回波信号的观测值将被累计（相加），以产生一个新的观测值 z，其对复信号样本的求和过程即相参积累过程：

第 3 章 信号预检测与参数预估计算法及实现

$$z = \sum_{n=0}^{N-1} \{Ae^{i\phi} + \omega[n]\} = NAe^{i\phi} + \sum_{n=0}^{N-1} \omega[n] \qquad (3.2)$$

显然，能量累积后的信号能量为 N^2A^2，上式中的 $\omega[n]$ 为噪声样本函数。

若噪声样本是独立且零均值的，则噪声的总功率是各噪声独立样本的功率之和。进一步假设，噪声样本都服从相同的统计分布，功率都为 σ^2，则噪声功率为 $N\sigma^2$，积累之后的信噪比变为

$$X_N = \frac{N^2A^2}{N\sigma^2} = N\frac{A^2}{\sigma^2} = NX_1 \qquad (3.3)$$

从上述推导结果可以看出，将 N 次独立的观测值进行相参积累后，回波信号的 SNR 得以提高到原来单脉冲回波的 N 倍，提高的信噪比称为积累增益。

FFT 相参积累是一种利用快速傅里叶变换（Fast Fourier Transform，FFT）算法进行频域信号处理的方法，特别适用于相参信号（包含幅度和相位信息）的积累和分析。

在 FFT 相参积累中，通常的步骤如下：首先，将连续的时间域信号分成多个短时段，每个短时段包含了有限的信号样本；对每个短时段的信号进行加窗操作，目的是减小信号在边界处的不连续性，避免频谱泄漏；对加窗后的短时段信号进行 FFT 变换，将其转换到频域；将每个短时段的频域结果相加，从而实现频域的累积。在相参积累中，通常会保留复数形式的频域结果，即含有幅度和相位信息；对累积结果进行平均处理，以提高信号与噪声的比例；如果需要得到时域的结果，可以对平均后的频域结果进行逆 FFT 变换，将其转换回时域。

FFT 相参积累广泛应用于雷达、通信、声学信号处理等领域。通过在频域进行积累，可以有效地提高信号的信噪比，从而实现对微弱信号的检测和分析。

3.1.2 恒虚警判决

恒虚警检测技术（Constant False-Alarm Rate，CFAR）是雷达系统在保持虚警概率恒定条件下对接收机输出的信号与噪声作判别以确定目标信号是否存在的技术。

信号检测就是对接收机输出的由信号、噪声和其他干扰组成的混合信号经过

信号处理以后，以规定的检测概率（通常比较高）输出所希望得到的有用信号，而噪声和其他干扰则以低概率产生随机虚警（通常以一定的虚警概率为条件）。

恒虚警率是雷达信号处理的重要组成部分。雷达系统通常要求能够在比热噪声更为复杂和未知的背景环境中检测目标的存在并保持给定的虚警概率，为此，必须采用自适应门限检测电路。保持信号检测时的虚警概率，使漏检概率达到最小，或者使正确检测概率达到最大。CFAR处理的基本过程是估计需要检测单元中的噪声和干扰电平，并根据估计值设置阈值，然后与检测单元信号进行比较以确定是否存在目标。

恒虚警检测是基于实际应用需求设计的检测器，当实际上没有敌对目标，我们判断存在目标时，会根据错误的判断结果而采取一些错误措施，这些错误措施一方面会造成相应资源的浪费，另一方面会导致后续出现新的问题。根据检测理论，检测概率和虚警率受检测门限影响，检测门限越高，检测概率越低，虚警概率也越低。

频域恒虚警判决是在信号处理和通信系统中用于检测信号是否存在的一种判决方法。它基于对信号在频域上的特性进行分析，以确定是否存在感兴趣的信号成分。

频域恒虚警判决的基本思想是通过设置一个阈值来判断信号存在与否。在实际应用中，通常会将阈值设为一个经验值或根据系统性能要求进行优化。判决的过程如下：首先，对观测到的信号进行频域分析，以获取信号在不同频率成分上的能量分布；其次，根据系统要求或经验，设定一个阈值，该阈值用于判定是否存在感兴趣的信号成分；最后，将频域分析得到的信号能量与设定的阈值进行比较。若信号能量超过阈值，则判定存在感兴趣的信号成分；根据判决结果，输出相应的决策，如判定为有信号或无信号。

频域恒虚警判决常用于雷达系统、通信系统等领域，特别是在存在噪声干扰的情况下，通过设置合适的阈值可以有效地进行信号检测。然而，需要注意的是，在实际应用中阈值的选择往往需要考虑到信噪比、误判率等因素，以保证系统的性能和稳定性。因此，频域恒虚警判决需要根据具体情况进行合理的参数选择和优化。

3.2　信号预检测与参数预估计算法处理流程

根据 2.4.1 节基于纯载波的信号预检测和参数预估计方法原理可知，基于纯载波的信号预检测与参数预估计是利用信标信号 160ms 的纯载波部分，保证检测且仅检测到纯载波的存在，并粗略估计出载波偏移、纯载波起始时刻的过程。详细的算法处理流程如图 3.1 所示，具体介绍如下所述。

（1）因为中心频率为 70MHz 的模拟中频输入信号经 40MHz A/D 带通采样后得到中心频率为 10MHz 的数字信号，所以首先对中频采样数据作 10MHz 数字正交下变频，得到基带信号。

（2）采用"CIC 滤波器 +FIR 滤波器"的级联方法实现 200 倍抽取滤波，将数据采样率由 40MHz 降为 200kHz。

（3）截取 81.92ms 降采样后的数据，选取实部和虚部中的最大幅度值，与门限 500 比较；若未过门限，则不再进行后续处理，直接向后滑窗 10ms，取新一组数据，否则进行正常处理。

（4）对幅度峰值过门限的数据段加 Hamming 窗，减小频谱泄漏。

（5）计算 16384 点 FFT，并对输出结果求模平方。

（6）在 –50kHz ～ +50kHz 的频率范围，循环选出 8 个模方最大值，并计算对应峰均比和信号频率值。循环选大过程步骤如下：比较选取范围内的所有模方值，选取最大值，记下最大值的对应位置，计算噪声基底得出峰均比，然后将峰值左右各 125 点置零，开始新一轮选大，如此循环 8 次，得到 8 个峰值及其频率和峰均比。

（7）将每个峰均比与检测门限比较。

（8）记录过门限频点，并将其对应的计数器加 1，未过门限的频点以及对应计数器清零。

（9）当某一频点对应的计数器值等于 4 时，认为检测到信号；否则向后滑窗，继续处理下一段信号。

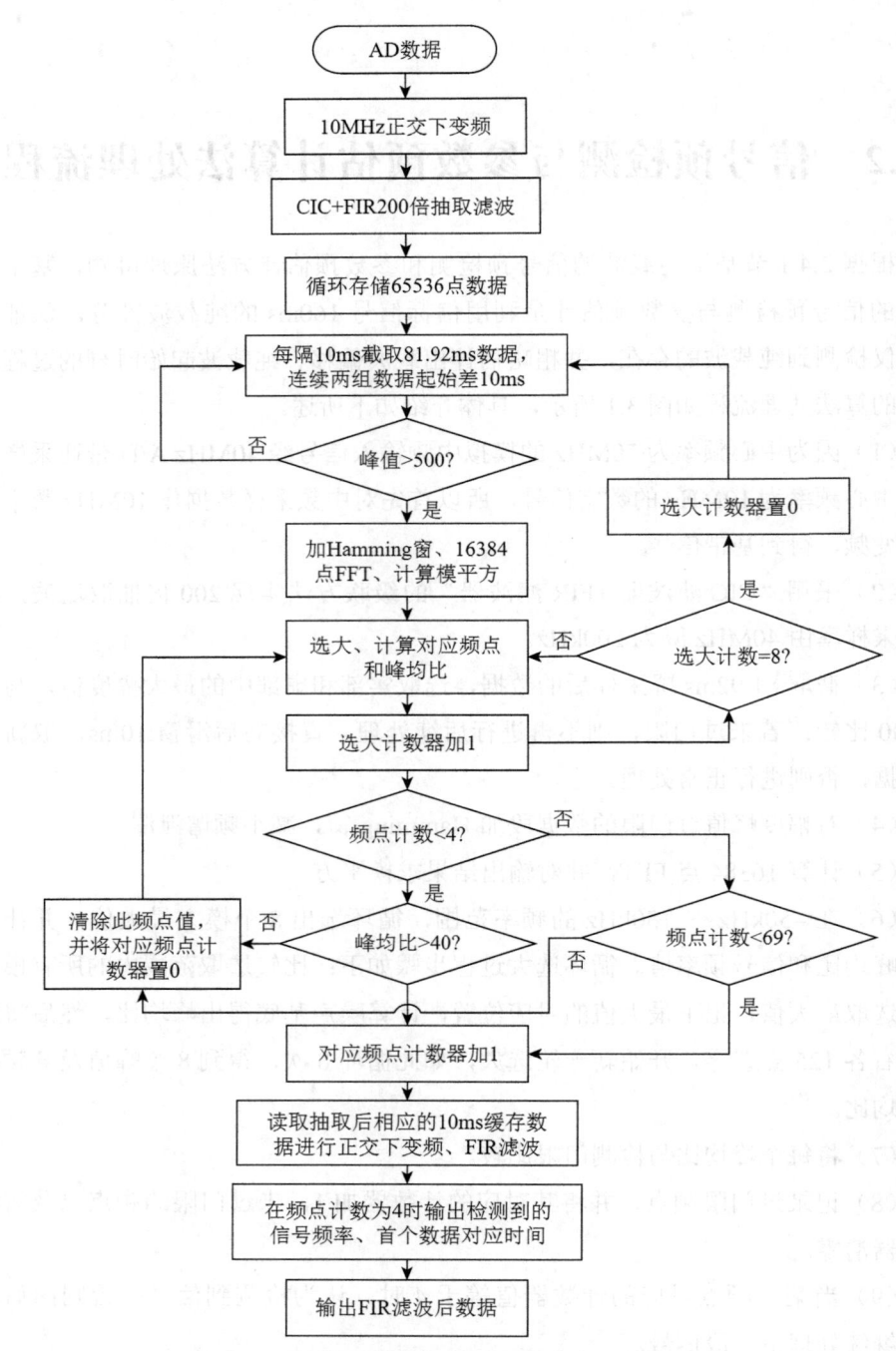

```
                    ┌─────────────┐
                    │   AD数据    │
                    └──────┬──────┘
                           ↓
                ┌──────────────────────┐
                │  10MHz正交下变频      │
                └──────────┬───────────┘
                           ↓
                ┌──────────────────────┐
                │ CIC+FIR200倍抽取滤波  │
                └──────────┬───────────┘
                           ↓
                ┌──────────────────────┐
                │ 循环存储65536点数据   │
                └──────────┬───────────┘
                           ↓
                ┌──────────────────────────┐
                │ 每隔10ms截取81.92ms数据, │
                │ 连续两组数据起始差10ms    │
                └──────────┬───────────────┘
                           ↓
                      ◇ 峰值>500? ◇ —否—→
                           │是
                           ↓
                ┌──────────────────────┐        ┌──────────────────┐
                │ 加Hamming窗、16384   │        │  选大计数器置0    │
                │ 点FFT、计算模平方    │        └────────┬─────────┘
                └──────────┬───────────┘                 ↑是
                           ↓                      ◇ 选大计数=8? ◇
                ┌──────────────────────┐                 ↑否
                │ 选大、计算对应频点   │ ←──否───────────┘
                │     和峰均比         │
                └──────────┬───────────┘
                           ↓
                ┌──────────────────────┐
                │    选大计数器加1     │
                └──────────┬───────────┘
                           ↓
                      ◇ 频点计数<4? ◇ —否—→
                           │是
                           ↓
    ┌──────────────┐  ◇ 峰均比>40? ◇ ——否——→ ◇ 频点计数<69? ◇
    │ 清除此频点值,│       │是                       │是
    │ 并将对应频点 │←──否──┘                        ↓
    │  计数器置0   │                          ┌──────────────────┐
    └──────────────┘                          │ 对应频点计数器加1 │
                                              └────────┬─────────┘
                                                       ↓
                                    ┌──────────────────────────────┐
                                    │ 读取抽取后相应的10ms缓存数    │
                                    │ 据进行正交下变频、FIR滤波     │
                                    └────────────┬─────────────────┘
                                                 ↓
                                    ┌──────────────────────────────┐
                                    │ 在频点计数为4时输出检测到的   │
                                    │ 信号频率、首个数据对应时间    │
                                    └────────────┬─────────────────┘
                                                 ↓
                                    ┌──────────────────────────────┐
                                    │    输出FIR滤波后数据          │
                                    └──────────────────────────────┘
```

图 3.1 信号预检测与参数预估计算法处理流程

（10）在确定检测到信号后，对相应抽取滤波后的数据作数字正交下变频和 FIR 低通滤波处理；同时，该信号对应的计数器在每次峰均比门限判决时直接累计，直到计数器值达到 69 时，自动清零。

（11）输出滤波后数据，同时记录输出的第一个数据所对应的时间，将此时标和该组数据对应的原频率值同时输出，当计数器值达到 69 时，该组数据输出完成。

图 3.1 详细描述了信号预检测与参数预估计算法的处理流程，关于算法中各个参数的详细设计将在下面各节进行详细阐述。

3.3　抽取滤波器的设计

抽取滤波器是数字信号处理中的一个重要概念，用于信号的采样率变换。抽取这一步骤涉及将信号的采样率降低，即减少采样点的数量，可以降低计算复杂度，节省存储空间。在降低采样率前后，信号通常会经过低通滤波器，以确保在抽取过程中没有混叠（aliasing）现象发生。使用滤波器的目的是去除高于新采样率一半的频率成分。

对中心频率为 70MHz 的模拟中频输入信号进行 40MHz 带通采样后作 10MHz 数字正交下变频，得到基带信号，考虑接收信号的多普勒频率范围（–50kHz ~ +50kHz）、信号处理效率和存储容量等因素，须将 40MHz 数据采样率降低到 200kHz，即 200 倍抽取滤波。

本节将设计合理的抽取滤波方案，以保证抽取过程中有用信号完全保留而无用的高频部分不会混叠到基带信号中。因此，对该抽取滤波器的具体要求如下所述：

（1）抽取率 200 倍（抽取前采样率为 40MHz，抽取后采样率为 200kHz）；

（2）通带纹波小于 1dB；

（3）阻带抑制大于 50dB；

（4）–3dB 转折频率不小于 65kHz。

常用的抽取滤波器一般是 FIR 滤波器。由于本设计中的抽取因子较大、要求的抗混叠滤波器的带宽窄、过渡带陡，若使用单个 FIR 滤波器一次完成抽取，不但所需滤波器阶数很高，而且需要工作在很高的频率以满足实时性要求，使用资源多、功耗大。因此，采用多级级联的办法来降低滤波器的阶数需求，以减少计算量。

抽取滤波器设计多采用"CIC 滤波器 +FIR 滤波器"的多级结构。CIC 滤波器无须乘法运算，可以实现高速滤波，故一般用在第一级；经 CIC 抽取后输入到 FIR 滤波器的信号采样速率已经降低，所以 FIR 滤波器可以设计更高阶的滤波，使滤波器的通带波动、过渡带带宽、阻带衰减等指标满足设计要求。

CIC 滤波器的传递函数为

$$H(z) = \frac{\left(1-z^{-D}\right)^N}{\left(1-z^{-1}\right)^N} = \left[\sum_{k=0}^{D-1} z^{-k}\right]^N \quad (3.4)$$

式中，N 为滤波器阶数，D 为抽取因子。其幅频响应为

$$A(f) = \left[\frac{\sin(\pi f)}{\sin(\pi f/D)}\right]^N \approx \left[Dg\frac{\sin(\pi f)}{\pi f}\right]^N \quad (D \gg 1) \quad (3.5)$$

在本设计中，中频信号的采样率为 40MHz，基带采样率为 200kHz，抽取因子为 200，综合考虑性能和运算量，并经仿真比较，决定采用两级结构来实现，即以 CIC 滤波器实现 50 倍抽取，再以 FIR 滤波器实现 4 倍抽取。

若将 CIC 滤波器参数设为 N=5、D=50，相应的幅频响应如图 3.2 所示。FIR 滤波器采用 45 阶的 Parks-McClellan 优化等波纹 FIR 滤波器，通带波纹为 0.5dB，阻带抑制为 50dB，抽取因子为 4，通带设为 68kHz，相应的幅频响应如图 3.3 所示。

200 倍抽取滤波器的总幅频响应如图 3.4 所示，通带内纹波最大起伏小于 0.6dB，阻带抑制大于 50dB，完全满足设计要求。

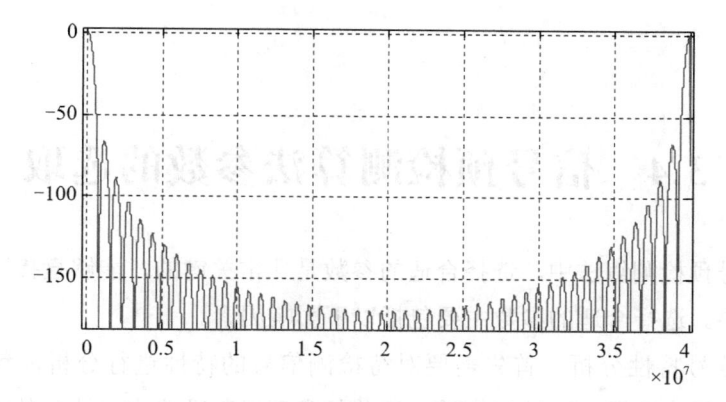

第 3 章　信号预检测与参数预估计算法及实现

图 3.2　CIC 滤波器幅频响应

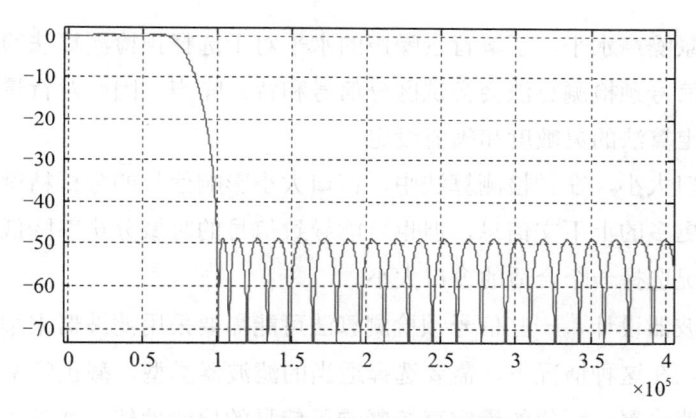

图 3.3　FIR 抽取滤波器幅频响应

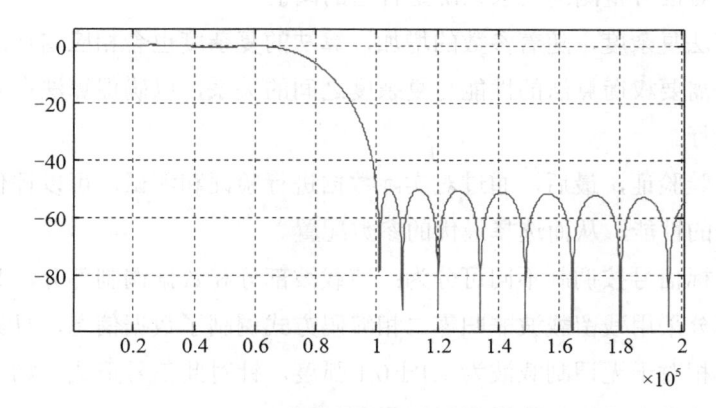

图 3.4　200 倍抽取滤波器幅频响应

3.4 信号预检测算法参数的选取

在信号预检测算法中，选择合适的参数是非常关键的，能够直接影响算法的性能和效果。选择合适的参数主要包括以下影响因素。

（1）信号特性分析，首先需要对待检测信号的特性进行分析，包括信号的频率范围、幅度范围、脉冲宽度等。这些信息可以帮助确定算法参数的合理取值范围。

（2）背景噪声水平，了解背景噪声的水平对于选择预检测算法的参数至关重要。通常，信号预检测算法会尝试区分信号和背景噪声，因此对背景噪声的认知能够帮助确定算法的灵敏度和阈值设定。

（3）窗口大小，在预检测算法中，窗口大小影响信号的分析精度。较大的窗口可以提供更多的上下文信息，但也可能导致信号的时域分辨率降低，因此需要根据具体情况选择一个合适的窗口大小。

（4）滤波器设计，一些信号预检测算法可能需要采用滤波器来增强信号与噪声的区分度。在这种情况下，需要选择适当的滤波器类型、截止频率等参数。

（5）阈值设置，阈值的设定直接影响了信号的检测性能。通常需要根据背景噪声水平及对信号检测的要求来确定合适的阈值。

（6）算法复杂度，随着参数的增加，算法的复杂度也会相应增加。因此，在选择参数时需要权衡算法的性能与复杂度之间的关系，以确保算法在实际应用中能够高效运行。

（7）实验验证，最后，通过对实际数据进行验证和测试，可以评估不同参数组合下算法的性能，从而选择最优的参数配置。

搜救信标信号按调制不同可分为：纯载波部分和数据调制部分，其区别在于数据调制部分采用残留载波非归零二相编码方式调制了数据信息，且其 BPSK 载波调制相位相对于无调制载波为 1.1±0.1 弧度。针对此信号形式，如何保证仅检测到纯载波的存在而排除数据调制部分呢？

本节首先分析信标信号的频谱特性，观察纯载波部分与数据调制部分的频谱差异，然后在此基础上选择合适的检测门限，达到在判决时剔除数据调制部分影响的目的。

具体的检测参数包括检测门限、信号积累长度、噪声基底范围和判决策略等，其中任何一个参数的变化都会影响最终的检测结果，并且各参数间互有关联。信号预检测要求选取的参数应满足如下两个条件：（1）在载噪比大于等于30dBHz、虚警概率小于等于1×10^{-4}时，检测概率大于等于99.9%；（2）仅检测到纯载波部分，检测结果不受调制数据部分影响。

3.4.1 信标信号的频谱特性

设初始频率和初始相位均为0，且不考虑其他因素影响的幅度归一化后的纯信标信号。由图3.5可见，纯载波段仅包含幅度为1的直流分量，而在调制数据部分，直流分量幅度降为0.4536，同时包含了其他信号成分。

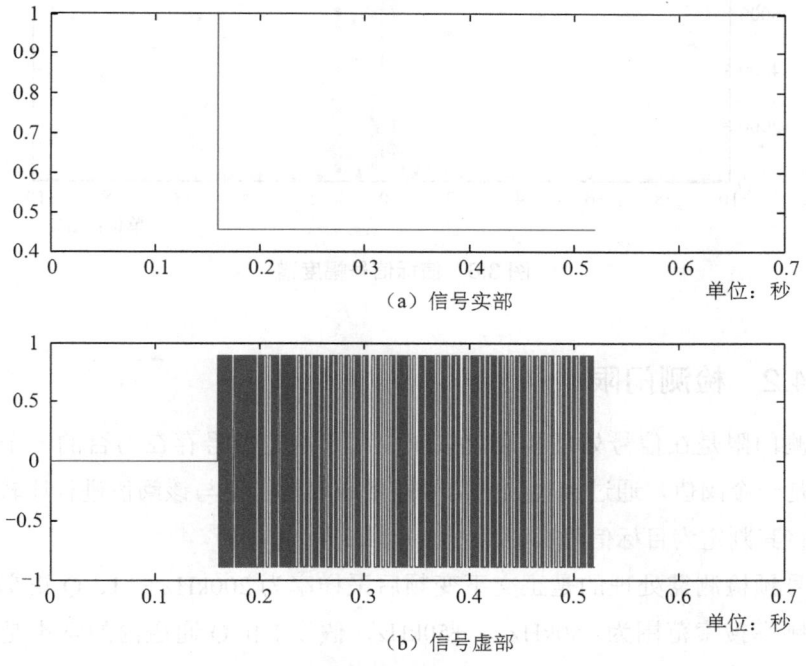

图3.5 纯信标信号的实部和虚部

针对上述信标信号，采用 200kHz 采样率、16384 点 FFT 分别计算得到纯载波部分和调制数据部分的幅度谱。由图 3.6 可见，纯载波部分仅有幅度为 16384 的零频分量，而调制数据部分除了幅度为 $16384 \times 0.4536 \approx 7431$ 的零频分量，还有幅度依次降低的周期为 800Hz（对应曼彻斯特调制后的数据率）的其他频率分量。

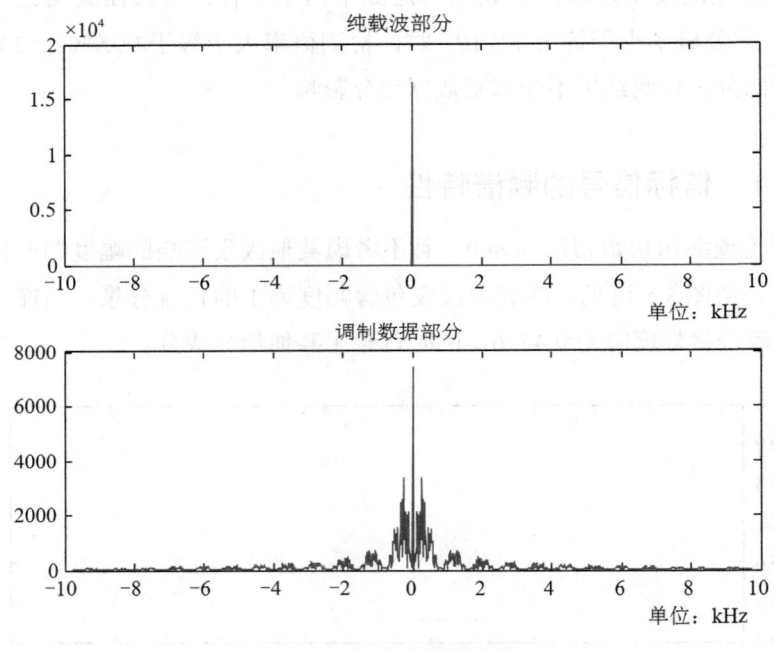

图 3.6　信标信号幅度谱

3.4.2　检测门限

检测门限是在信号处理和通信系统中用于判定信号存在与否的一个关键参数。它是一个阈值，通过接收到的信号能量或其他特征与该阈值进行比较，以决定是否将其判定为目标信号。

信号预检测需处理的是正交下变频后采样率为 200kHz 的 I、Q 正交双通道信号，频率搜索范围为 –50kHz ～ +50kHz，假设 I 和 Q 通道内的噪声是服从高斯分布 $N(0,\sigma^2)$ 的白噪声，且 H_0 表示无信号存在、H_1 表示有信号存在，统计判

决量 $z=I^2+Q^2$（以下讨论都依据此假设进行）。

检测中采用平方律检波，H_0 假设下的统计判决量 $z=I^2+Q^2$ 服从指数分布，其概率密度函数为

$$H_0: f(z|H_0) = \frac{1}{2\sigma^2} e^{\frac{-z}{2\sigma^2}} \tag{3.6}$$

设检测门限为 V_T，则相应的虚警概率 P_{fa} 为

$$P_{fa} = \int_{V_T}^{+\infty} f(z|H_0) \mathrm{d}z \tag{3.7}$$

将式（3.6）代入式（3.7），得

$$P_{fa} = e^{-\frac{V_T}{2\sigma^2}}$$

由此可解得恒虚警门限值为

$$V_T = -2\sigma^2 \ln(P_{fa}) \tag{3.8}$$

此时门限的取值由噪声方差 σ^2 决定。对于式（3.6）所示的指数分布，其均值和方差分别为

$$\mu_1 = 2\sigma^2, \quad \sigma_1^2 = 4\sigma^4$$

故可得在一定虚警概率 P_{fa} 下的门限值为

$$V_T = -\mu_1 \ln(P_{fa}) \tag{3.9}$$

相应的门限系数为

$$K = -\ln(P_{fa}) \tag{3.10}$$

因此，当要求虚警概率小于等于 1×10^{-4} 时，所取的门限系数应不小于9.2。

3.4.3 信号积累长度

在有信号的情况下，统计判决量服从自由度为2的非中心 χ^2 分布，其概率密度函数为

$$H_1: f(z|H_1) = \frac{1}{2\sigma^2} e^{\left(-\frac{z+A^2}{2\sigma^2}\right)} I_0\left(\frac{A\sqrt{z}}{\sigma^2}\right) \tag{3.11}$$

其中，$A^2/2\sigma^2$ 为预检测信号与噪声功率之比；$I_0(\bullet)$ 是零阶修正的贝塞尔（Bessel）函数。

因此，在一定虚警概率 P_{fa} 下的检测概率为

$$P_d = \int_{V_T}^{+\infty} f(z|H_1) \mathrm{d}z \qquad (3.12)$$

由式（3.12）可知，在虚警概率为 1×10^{-4} 时，不同信噪比下的检测概率如图 3.7 所示。

由图 3.7 可见，当虚警概率为 1×10^{-4}、检测概率为 99.99% 时，输入信号的信噪比为 15.0dB。在此条件下，经计算可得所需的最小信号积累时间为 $10^{(15.0-30+2)/10} \approx 0.0501\mathrm{s} = 50.1\mathrm{ms}$，其中将处理损失、工程实现裕量等设为 2dB。在 200kHz 采样率的情况下，对应的 FFT 点数为 10020；为满足基 2 FFT 的要求，选择 FFT 点数为 16384 点，对应的时间长度为 81.92ms。

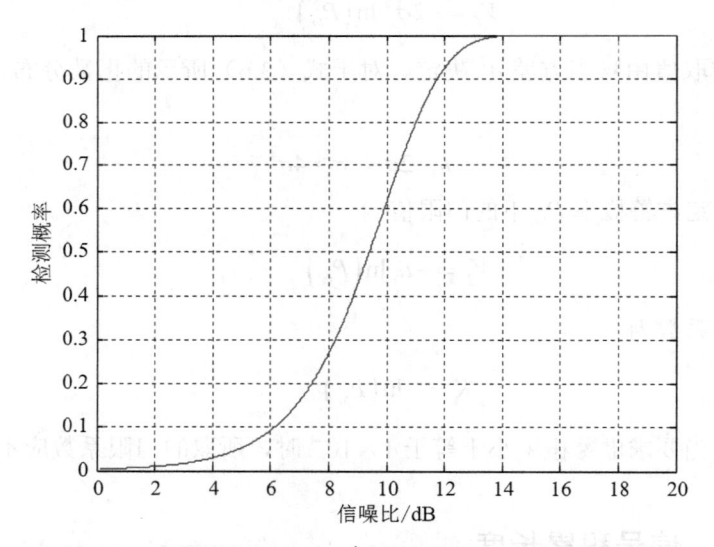

图 3.7　虚警概率为 1×10^{-4} 时检测概率与信噪比的关系

在此参数下，当接收信号载噪比为 30dBHz 时，检测前信噪比为 $30+10\log_{10}(0.08192)-2 \approx 17.1\mathrm{dB}$，对应的检测门限系数为 $10^{17.1/10} \approx 51.3$。因此，最终的检测门限系数应在 [9.2, 51.3] 范围选取。

3.4.4 噪声基底范围

考虑前文所述的检测条件（2）——仅检测到纯载波部分，检测结果不受调制数据部分的影响。此条件要求仅在纯载波部分能检测到信号的存在，而在调制数据部分不能检测到。

参见图 3.6，纯载波部分和调制数据部分具有不同的频谱特性，具体体现在残留载波左右是否存在其他频率分量，因此，考虑选择峰值左右不同点数信号的均值作为噪声基底以区分两者的不同，得到的不同载噪比下的信号峰均比如图 3.8 所示。噪声范围的选取原则是：除去峰值及其左右各三点，向两侧分别取同样多的噪声点数，求取平均后作为噪声基底。

由图 3.8 可见，在低载噪比情况下，噪声基底的选择对峰均比的影响较小，而在高载噪比情况下，不同的噪声基底使得调制数据部分的峰均比存在明显差异，有的甚至高于低载噪比下纯载波部分的峰均比，这样就使得纯载波部分和调制数据部分都可检测到信号的存在。经观察比较，选择噪声基底 128 点、门限系数 40，此时既满足了低载噪比下的检测要求又避免了高载噪比下调试数据部分的错误检测。

（a）载噪比为30dBHz

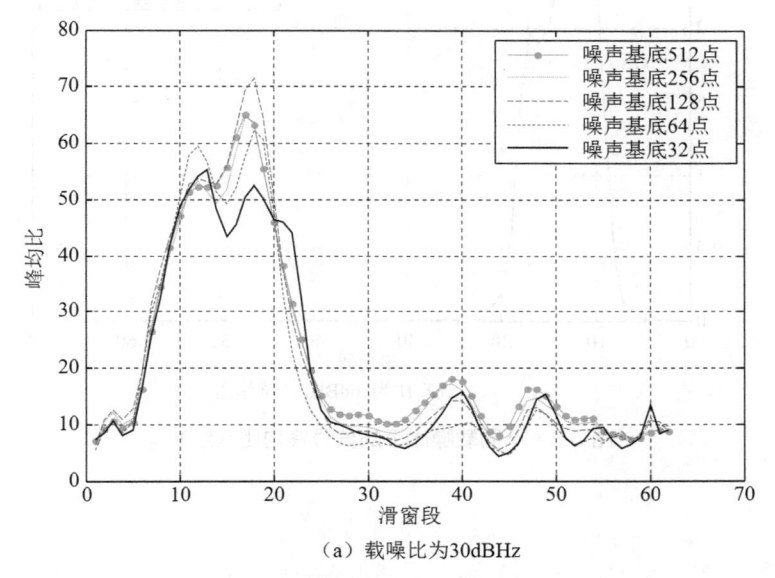

图 3.8 不同载噪比下的信号峰均比

(b) 载噪比为34.8dBHz

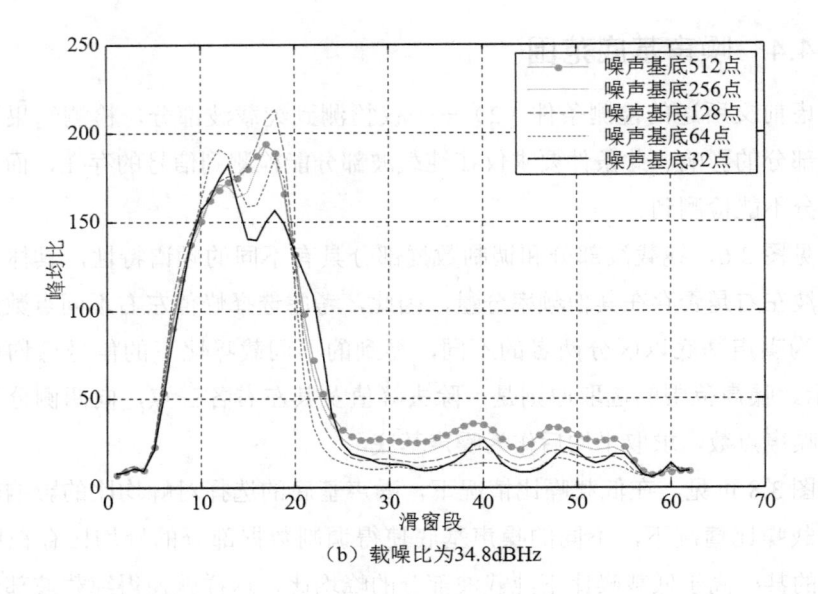

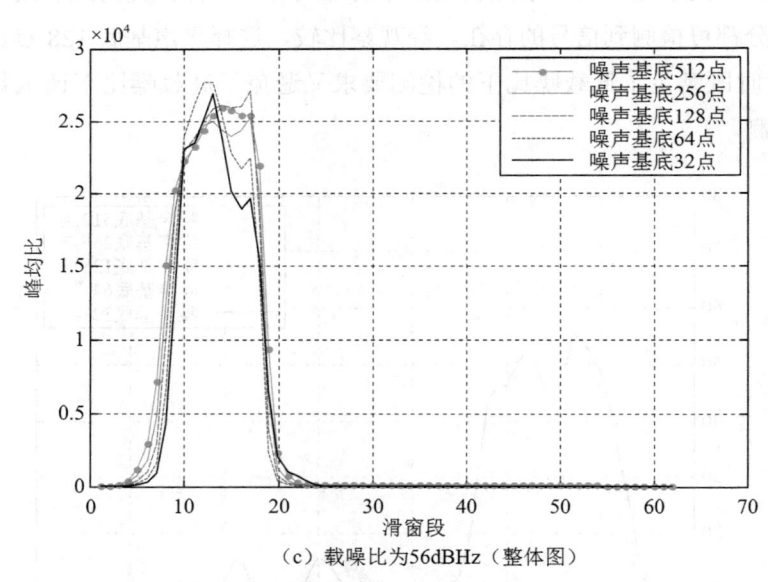

(c) 载噪比为56dBHz（整体图）

图 3.8 不同载噪比下的信号峰均比（续）

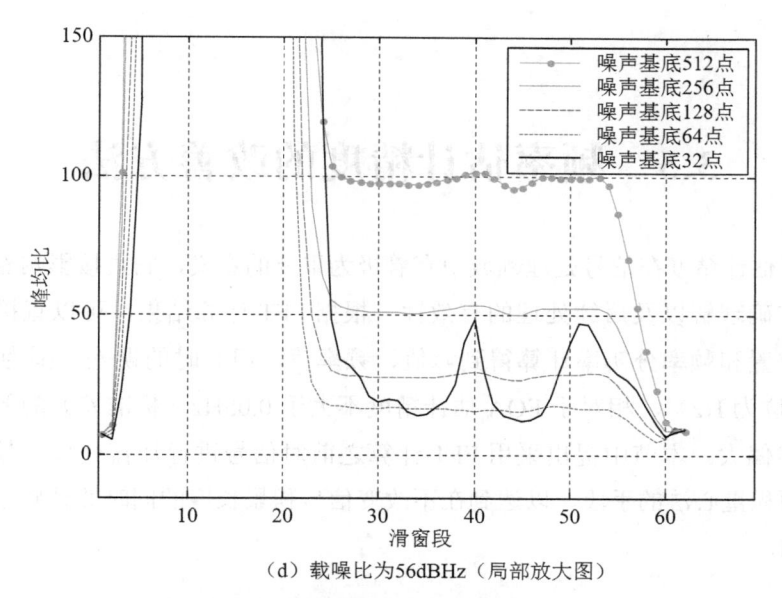

(d) 载噪比为56dBHz（局部放大图）

图3.8 不同载噪比下的信号峰均比（续）

3.4.5 判决策略

根据前面的分析可知，在检测门限系数设为40、信号积累长度为81.92ms、噪声基底为128点时，单次判决就已完全满足了信标信号预检测的两个条件。但考虑到接收信号频段有可能存在的瞬时强信号，将判决条件设为连续四次过门限，这样既能避免瞬时强信号引起的误判，也不会影响信标信号的正常检测，因为信标信号的纯载波部分会持续160ms。

至此，信号预检测涉及的参数已完全确定，当载噪比为30dBHz时，在避免调制数据部分被检测到的情况下仅检测到纯载波信号的存在，且对应的虚警概率和检测概率分别达到10^{-16}和99.96%，完全满足信号预检测要求。

3.5 频率估计精度的改善方法

频率估计精度在信号处理领域中有着极为重要的意义，它直接影响着对信号特性的准确理解以及后续处理的有效性。根据 FFT 计算结果，可以直接根据峰值点的位置和频率分辨率计算得到峰值、频率值，但此时的误差范围为 [−6.1, 6.1]（单位为 Hz），相对于 FOA 估计精度不大于 0.05Hz（标准差）的要求，此误差显然偏大。本节中提出采用 FFT 计算之前对信号进行加窗处理、频率计算时采用面积重心法的手段，以达到在不改变信号积累长度的同时改善频率估计精度的目的。

3.5.1 窗函数的选择

在 FFT 处理之前对信号进行加窗处理，可以有效地减小 FFT 处理时的频谱泄漏，抑制旁瓣峰值，避免大功率信号旁瓣过大而引起小信号漏选。选择窗函数既要考虑其旁瓣泄漏尽可能小，又要考虑其主瓣宽度尽可能窄。旁瓣泄漏越小，信号能量损失就越小；主瓣宽度越窄，越有利于提高目标的检测和估计精度。对所有的窗函数，这两个指标都是相互矛盾的，因此只能折中考虑。

常用窗函数的主瓣数据点数和最高旁瓣峰值如表 3.1 所示，图 3.9 显示了几种不同窗函数对应的信号主瓣功率变化情况。可见，Hamming 窗可以较好地兼顾这两个方面，因此选用 Hamming 窗作为数据窗。

表 3.1 常用窗函数的主瓣数据点数和最高旁瓣峰值

窗函数	主瓣数据点数	最高旁瓣峰值
矩形	2	−13dB
Hanning	4	−32dB
Hamming	4	−43dB
Blackman	6	−58dB

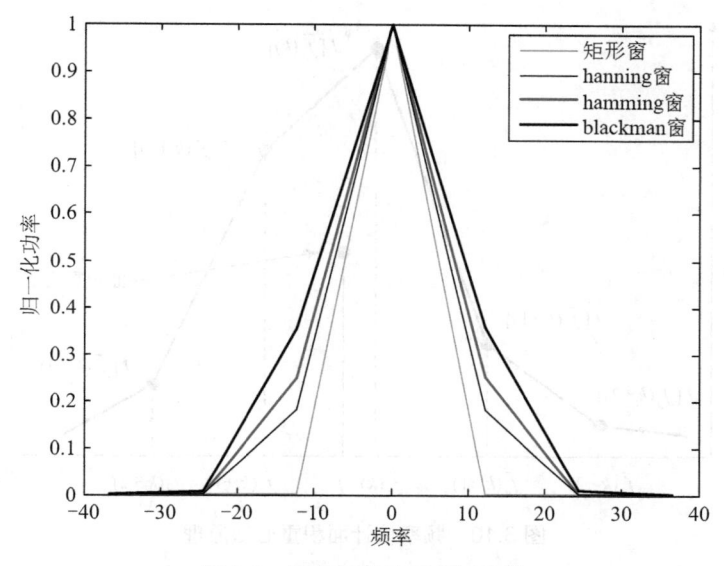

第 3 章 信号预检测与参数预估计算法及实现

图 3.9 加窗后的信号主瓣变化

3.5.2 面积重心法

频率估计的面积重心法（Frequency Estimation by Center of Area Method）是一种用于估计信号频率的统计方法。它基于信号在频域上的能量分布，通过计算频域中心的加权平均值来得到频率的估计值。

将时域信号进行傅里叶变换，将信号转换到频域。在频域中，计算信号的能量谱密度（或称功率谱密度）。能量谱密度描述了信号在不同频率成分上的能量分布情况。通过对能量谱密度进行加权平均，计算出频率估计值。具体来说，面积重心法将频率估计表示为能量谱密度曲线的面积加权平均的频率。

这种方法的优点在于对信号的频率估计具有较好的稳定性和鲁棒性，尤其在存在噪声的情况下能够提供相对可靠的估计结果。它在许多领域中都有着广泛的应用，比如在通信系统中用于信号的调制解调、雷达系统中用于目标跟踪等。

频率估计面积重心法原理如图 3.10 所示。

图 3.10 频率估计面积重心法原理

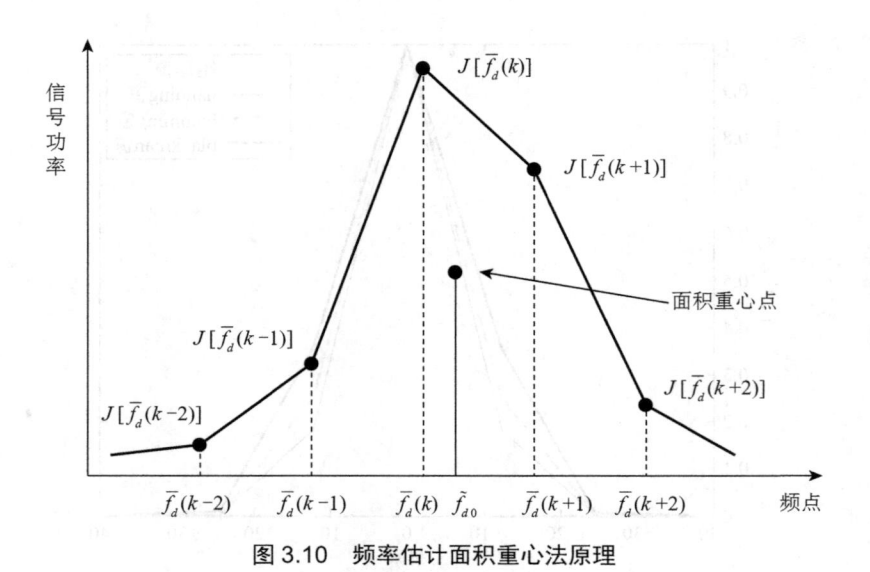

选取信号频域峰值位置点 k 及其前后两点参与面积重心计算，具体计算公式如下：

$$\tilde{f}_{d0} = \frac{\sum_{i=k-2}^{k+2} J\left[\bar{f}_d(i)\right] \bar{f}_d(i)}{\sum_{i=k-2}^{k+2} J\left[\bar{f}_d(i)\right]} \tag{3.13}$$

其中，$\bar{f}_d(i)$ 表示第 i 点对应的频率值，$J\left[\bar{f}_d(i)\right]$ 表示第 i 点对应的信号功率值。其实质就是利用如图 3.10 所示的信号主瓣内 5 个频率采样点对应的信号功率不同，进行加权求和得到，从而突破了频率分辨率的限制，提高了频率估计精度。

3.6 FIR 低通滤波器的设计实现

在信号处理领域中，滤波器是一类重要的工具，用于有选择性地传递或抑制特定频率成分。其中，FIR（Finite Impulse Response）滤波器是一类具有有限脉冲响应的滤波器，其特点在于可以实现精确的线性相位响应。在实际应用中，设计和实现 FIR 滤波器对于滤除噪声、提取感兴趣信号等具有重要意义。

本节将重点探讨 FIR 低通滤波器的设计与实现。低通滤波器的设计目的是将信号中高于某一截止频率的成分抑制，保留低于截止频率的成分。通过合理选择 FIR 滤波器的系数，可以实现对信号频谱的精确控制。

因为设计中考虑单个通道最多同时处理 8 个信标信号，所以在 10ms 的处理时间内须完成 8 个数据段的低通滤波处理（每个数据段点数为 2000），这样就需对滤波器的性能和实现复杂程度进行全面考虑。本节将针对此要求设计出合格的 FIR 低通滤波器。

3.6.1 参数设计

通常，一个 N 阶的 FIR 数字滤波器可由以下差分方程描述：

$$y(n)=\sum_{i=0}^{N-1}h(i)x(n-i),\ n=0,1,\cdots,N-1 \tag{3.14}$$

式中，$x(n)$ 是滤波器的输入信号，$y(n)$ 是滤波器的输出信号，$h(n)$ 是滤波器系数。由式（3.14）可见，FIR 滤波器主要通过乘加运算来实现，而其阶数 N 的大小和系数 $h(n)$ 位数的长短直接决定了它的复杂程度。

为保证单通道可同时检测 8 个频率相差 3kHz 以上搜救信号，并充分抑制信号之间的干扰，经仿真比较，确定 FFT 检测后 FIR 低通滤波器的参数如下：通带为 2.2kHz，通带纹波为 0.5dB，阻带为 2.8kHz，阻带抑制为 45dB，采用等波纹低通滤波器，滤波器阶数为 591，其响应特性如图 3.11 所示。同时，为了保证滤波计算后的精度，滤波器系数位数定为 18bit。

3.6.2 FPGA 设计的实现

FPGA 工作时钟为 40MHz，为满足实时处理的要求，滤波器得到单个处理结果数据的时间须小于 200 个时钟周期，而在此段时间内需实现 8 组不同数据的滤波处理，因此得到一个滤波输出数据的时间需小于 25 个时钟周期；滤波器阶数为 591，具有 592 个系数，考虑到 FIR 滤波器系数具有对称性，故可仅考虑 296 个系数，但此时若完全采用并行处理仍需要至少 296 个乘法器，这是不现实的，因此只能考虑乘法器的分时复用。设计采用 16 个乘法器，这样就保证在 25 个时钟周期内得到一个滤波器输出。

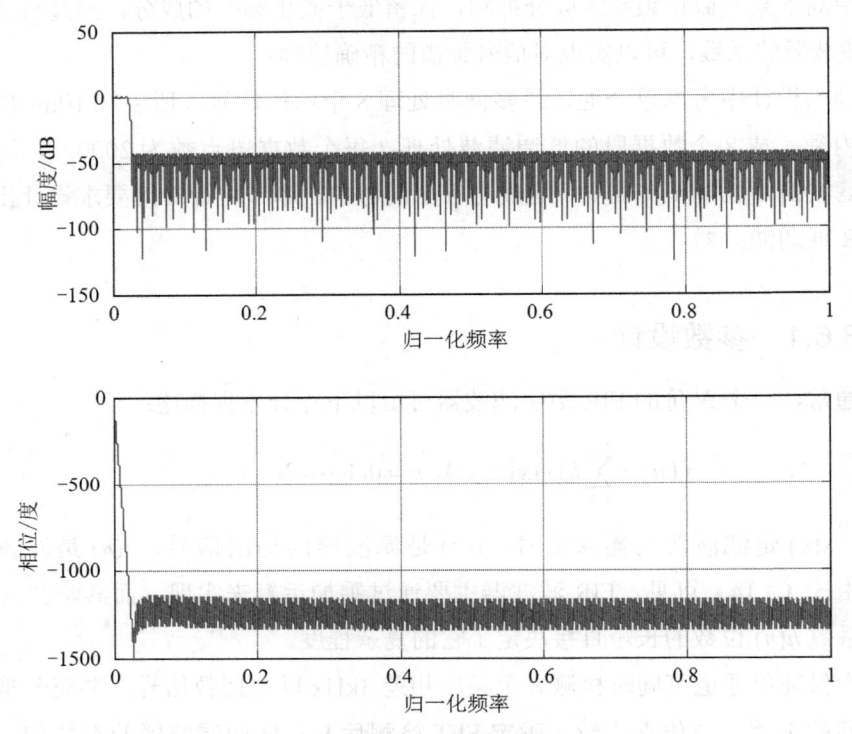

图 3.11　FIR 低通滤波器的响应特性

　　因为同一段数据需进行 8 次正交下变频和滤波处理，所以下变频和滤波器都采用分时复用。对 591 阶 FIR 滤波器来说，若要得到 2000 点正确连续的滤波结果，则需使用 2591 点数据，前 591 点与上组 10ms 数据中的后 591 点相同。经上述分析，拟采用 DPRAM 缓存、时分复用、流水处理等方法完成 FIR 滤波器的 FPGA 实现，简单的实现框图如图 3.12 所示。

　　图 3.12 中未能详细描述实现中的特别之处，下面将分别指出。

　　（1）灵活设计 DPRAM 输入输出位数。

　　由于 FIR 滤波器的系数具有对称性，所以只需存储 296 个系数，以节省一半的存储资源。

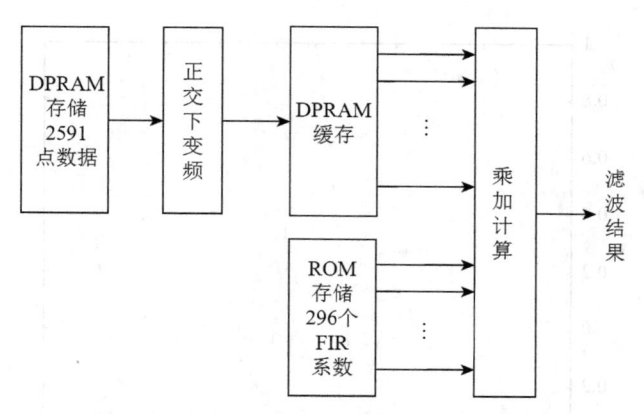

图 3.12 高阶 FIR 低通滤波器的简单实现框图

16 个乘法器进行并行乘法计算，需要数据和系数同时到达乘法器输入端，即要求每个时钟同时更新 16 个数据和系数，一般的延时缓存根本无法满足此要求。经查阅得知，现有的 DPRAM 具有输入输出位数可设的功能，恰能满足需求，因此设计存储下变频结果数据的 DPRAM 和存储 FIR 系数的 ROM 同时输出 16 个数据，与并行乘法器个数对应。

ROM 中存储了一半系数，这样就要求数据在滤波前先完成首尾相加运算，得到对应的 296 点数据，然后才能进行 296 点的乘加滤波处理。为达到此要求，设置存储数据的 DPRAM 为真正的双端口存储器，在输出的两端口分别同时输出 16 个数据，分别对应 592 点的首尾。值得注意的是，在 16 个数据同时输出时，不能任意设置单个需要的输出地址，因为地址只能是 16 的整倍数，所以在处理中需特别注意数据间的时序对应关系。

（2）累加器位数扩展方法。

滤波器系数与数据相乘后进行累计，通常情况下，需根据累计次数定义累加结果的扩展位数，即

$$\text{扩展位数} = \lceil \log_2(\text{累计次数}) \rceil \tag{3.15}$$

其中，$\lceil \bullet \rceil$ 表示向上取整。实际上，滤波器的归一化幅值如图 3.13 所示，其中大部分系数值都很小，若按常规方法进行累加后位数扩展将大大降低信号精度。

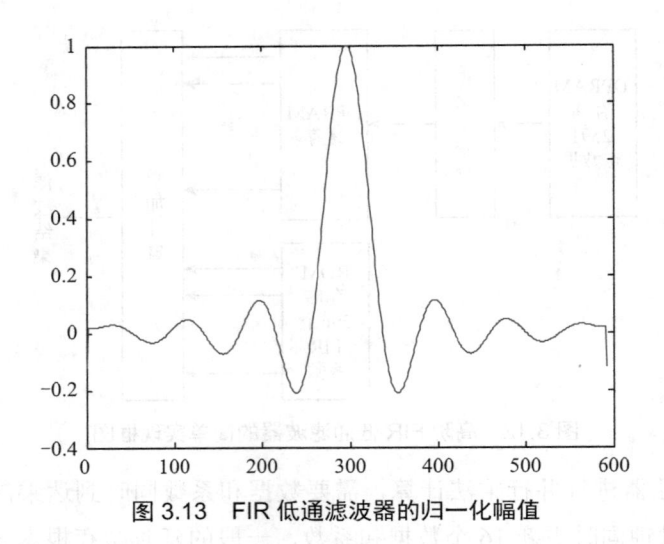

图 3.13 FIR 低通滤波器的归一化幅值

为解决上述问题，提出一种通用计算扩展位数方法，即首先进行滤波器系数归一化，然后计算所有系数的绝对值之和，将式（3.15）中的累计次数替换为系数绝对值之和，得到的值就为需扩展位数。

3.7 其他问题的解决措施

3.7.1 信号串扰的抑制

信号串扰的抑制在通信系统和信号处理中是一个重要的问题，它涉及在复杂的信号环境中有效地区分和处理不同信号成分的能力。伽利略 MEOLUT 信号处理设备 SPE 由一块有源底板和若干个双通道信号处理板组成，所有的信号处理板都与有源底板相连。每个信号处理板有两个信号处理通道，对应两颗卫星，有源底板为每个信号处理板提供稳定的时钟信号、电源及其他有用信号。

在设备正常工作时，由于通道间和板间的电磁隔离度不够，接收前端有微弱的串扰信号进入处理通道，在信号相参积累检测时可能产生虚警。下面介绍在不修改硬件设计的前提下解决此问题的方法。

利用 ChipScope 软件，得到抽取滤波后的基带数据如图 3.14 所示，分别对应有无信号输入时的情况。

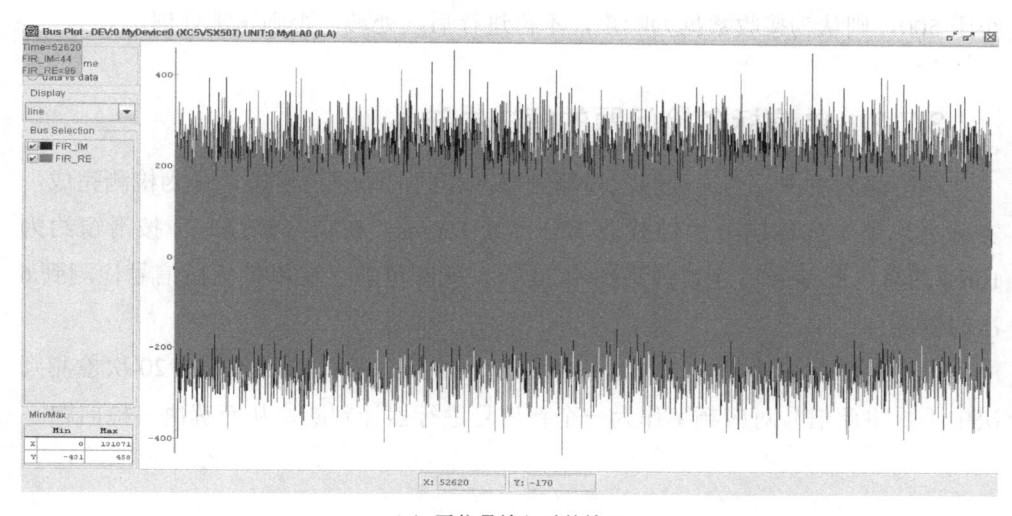

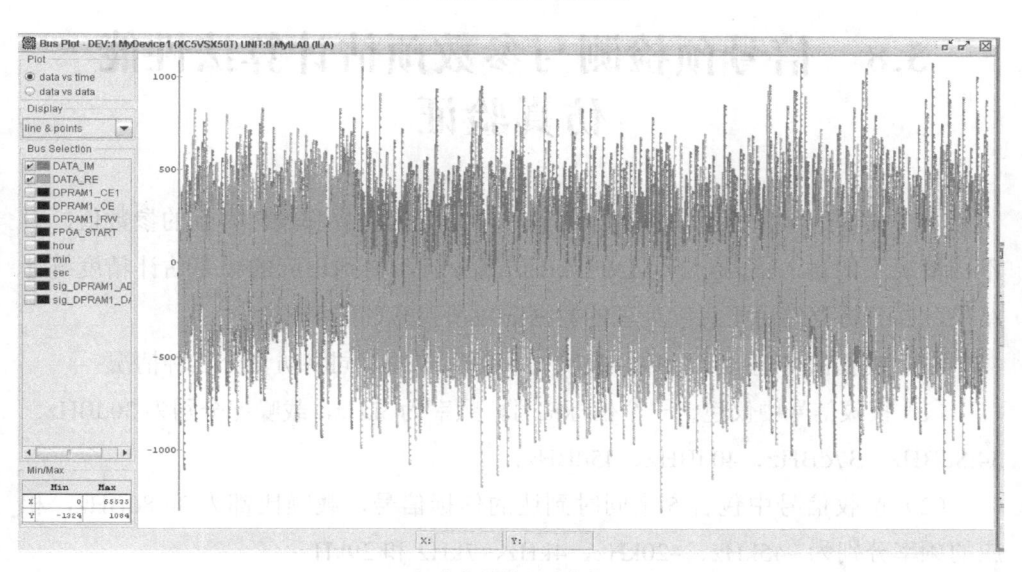

（a）无信号输入时的情况

（b）有信号输入时的情况

图 3.14 不同输入情况下抽取滤波后的基带数据

比较抽取滤波后的基带数据发现：（1）在无信号输入时，数据取值范围约为[–450，+450]；（2）在有信号输入时，数据峰值绝对值最小也大于500。因此，在数据用于FFT计算前，首先判断输入数据绝对值的最大峰值是否超过500，若小于500，则认为接收数据为噪声，不再进行后续处理，否则正常处理。

3.7.2 单信标多检问题的解决办法

在检测判决中，当连续四次检测到频率相同的单频信号时，认为检测完成，实际上，单个信标信号的纯载波部分持续160ms，在信号较强时，按滑窗约为10ms估算，此信号可连续检测到约24次，就有可能存在单个信标信号检测到6次的情况。

为避免单信标多检，在每次检测到一个单频信号时，在之后的20次检测判决中不再将此信号对应频率作为一个新信号进行累计判断，从而解决多检问题。

3.8 信号预检测与参数预估计算法性能仿真验证

本节根据信号预检测与参数预估计算法的处理流程和设计得到的参数值，对不同情况下的输入信号进行MATLAB仿真分析，得到相应的频率估计精度统计结果，并分析存储用于后续处理的数据前段所包含的噪声长度。

根据接收信号包含信标数、载噪比和频率差的不同将仿真分三种情况：

（1）接收信号中仅包含一个信标信号，频率为3kHz，载噪比分别为30dBHz、34.8dBHz、37dBHz、40dBHz、45dBHz；

（2）接收信号中包含5个同时到达的信标信号，载噪比都为34.8dBHz，相应的频率分别为–45kHz、–20kHz、4kHz、7kHz和29kHz；

（3）接收信号中包含5个同时到达的信标信号，载噪比分别为30dBHz、34.8dBHz、37dBHz、40dBHz、45dBHz，频率设置与（2）相同，存在频率相差3kHz的两个重叠信标信号。

每种情况各仿真 1000 次，相应的频率估计统计结果分别如表 3.2、表 3.3 和表 3.4 所示。

表 3.2　单信标、不同载噪比下频率估计统计结果

载噪比（dBHz）	30	34.8	37	40	45
偏差（Hz）	0.2354	0.0547	0.0364	0.0685	0.1091
标准差（Hz）	0.9523	0.5788	0.4804	0.4445	0.2883

表 3.3　5 信标、相同载噪比下频率估计统计结果

频率值（kHz）	−45	−20	4	7	29
偏差（Hz）	0.1441	0.0941	0.0914	−0.0757	0.0712
标准差（Hz）	0.6349	0.6268	0.5883	0.6496	0.6199

表 3.4　5 信标、不同载噪比下频率估计统计结果

频率值（kHz）	−45	−20	4	7	29
载噪比（dBHz）	30	34.8	37	40	45
偏差（Hz）	0.2309	0.0926	0.0675	−0.1173	0.1558
标准差（Hz）	1.1324	0.6362	0.4827	0.4957	0.3041

由表 3.2～3.4 可知，不同载噪比下频率估计误差随载噪比的提高而逐渐减小，在接收信号中同时存在多个信标信号时，频率估计误差略有增加。

无论是仿真还是实测，单个信标信号 34.8dBHz 下基于纯载波的信号预检测概率恒为 1，虚警概率恒为 0。由前面的分析可知，单个接收通道可同时处理多达 8 个信标信号，完全满足 2.5.1 节中"每通道最多可同时处理 5 个信标信号，每分钟处理 180 个信标信号"的要求。

由于检测门限固定，随着接收信号载噪比的变化，在判决检测到信号的时刻，FFT 处理数据中包含的信号长度也会相应变化，高载噪比时包含的信号长度较短。同时，由于存储的用于后续处理的数据的起始位置是和检测判决到信号的时刻对应的，存储数据中纯载波前端的噪声长度会随着载噪比的增加而增加，其长度以 10ms 为量级进行变化。经分析和测试得知，不同载噪比下存储数据前端的噪声长度变化范围可达 100ms。因此，经信号预检测处理后得到的信号时延估

计精度范围为 100ms 左右，更精确的时延估计将在下一章中进行介绍。

3.9 信号预检测与参数预估计算法 FPGA 的实现

本章算法选用 Xilinx 公司的 Virtex-5 系列 xc5vsx50t-2ff1136 作为硬件实现平台，对应 FPGA-I。搜救信号预检测与参数预估计算法的硬件实现框图如图 3.15 所示，各模块分别对应前面几节的算法。

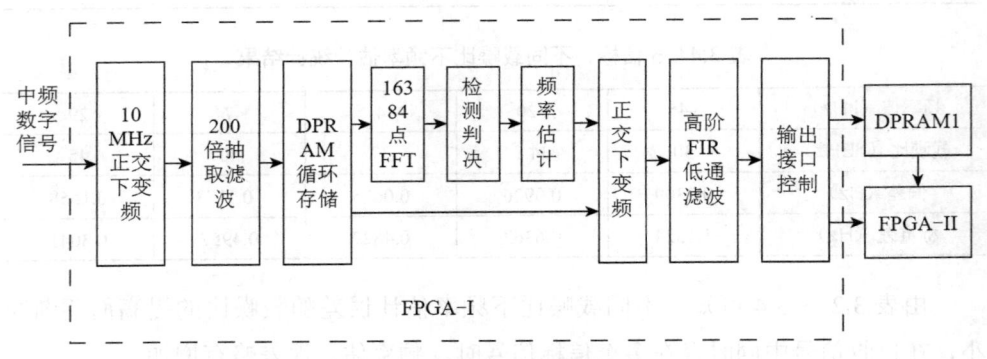

图 3.15 FPGA-I 实现框图

使用 Xilinx ISE 9.2.04i 集成软件进行代码编写和调试，经逻辑综合、实现后得到的资源使用情况如表 3.5 所示。

表 3.5 FPGA-I 的资源使用情况

资源名称	使用情况	包含数量	使用比例
Slice Registers	13316	32640	40%
Slice LUTs	19501	32640	59%
BlockRAM	123	132	93%
BUFGs	4	32	12%
DCM_ADVs	1	12	8%
DSP48Es	60	288	20%

FPGA-I 的工作时钟为 40MHz，其实现过程中各模块间采用流水处理，要求每个模块的处理时间小于 10ms，从而保证 FFT 检测的实时性。其中，用时最长的为 FIR 低通滤波器，它采用时分复用方法完成 8 个信号的滤波处理，共耗时约 9.8ms。

3.10　本章小结

本章对搜救信号预检测、参数预估计算法和处理流程进行了详细设计，给出了各处理环节的详细算法和具体的参数选取，包括 CIC+FIR 抽取滤波器的设计、信号预检测参数的选取、改善频率估计精度的面积重心法、高阶 FIR 低通滤波器的设计实现等，然后在此基础上给出了整个预检测和参数预估计算法的性能仿真和 FPGA 实现结果。

第4章 信号检测与参数初估计算法及实现

第 4 章　信号检测与参数初估计算法及实现

4.1　引言

信号检测与参数初估计是在信号处理中的关键步骤，其目的是从观测到的数据中识别和提取感兴趣的信号，并初步估计出信号的参数信息。这一过程在许多领域中都有着广泛的应用，如雷达系统、通信系统、生物医学信号处理等。

在 3.1 节中指出搜救信号的检测需要两步实现，即分别利用纯载波部分和位帧同步部分。在第 3 章中已经完成了第一步——基于纯载波部分的信号预检测，确认了单频信号的存在。本章将利用已知的位帧同步信息，采用广义似然比检验方法完成搜救信号检测的第二步，实现搜救信号的完全检测，并在确认位帧同步存在的同时，得到 FOA 和 TOA 更精确的估计结果及数据位宽的初步估计。

在 2.4.2 节已详细推导了基于位帧同步的信号检测与参数初估计方法，本章将研究其具体的实现算法、处理流程和关键参数设计，并给出所选参数下的算法性能仿真以及 FPGA 实现结果。

广义似然比检验（Generalized Likelihood Ratio Test，GLRT）是一种在统计学中用于假设检验的方法，通常用于比较两个或多个统计模型，以确定哪个模型最好地描述观测到的数据。

GLRT 的基本思想是比较两个假设下的似然函数的最大值，即在给定观测数据的条件下，哪个假设的发生概率最大。具体来说，GLRT 将两个模型的似然比值与一个预先设定的阈值进行比较，以决定哪个模型更符合观测数据。假设我们有两个统计模型，分别用 H_0 和 H_1 表示，它们对应两种不同的假设。在给定观测数据的情况下，我们可以计算出在每个模型下数据出现的概率，即似然函数。然后，GLRT 将两个模型的似然比值进行比较。具体而言，GLRT 会比较两个模型的似然比统计量与预先设定的阈值。如果似然比统计量大于预先设定的阈值，就接受 H_1 假设，认为 H_1 模型更适合解释观测数据；反之，如果似然比估计统计量小于预先设定的阈值，就接受 H_0 假设，认为 H_0 模型更适合。

广义似然比检验在许多领域都有着广泛的应用。举例来说，在信号处理中，

GLRT 可用于检测信号中的异常或噪声成分，从而提高信号的质量。在通信系统中，它可以用于识别不同的数字调制方式。在雷达系统中，GLRT 可以用于目标检测和跟踪。

4.2 信号检测与参数初估计算法处理流程

本节将探讨基于位帧同步的信号检测与参数初估计方法，这个方法在实际的通信系统中发挥了至关重要的作用。在这个过程中需要解决两个关键问题：

首先，需要考虑如何进行位帧同步，确保接收到的信号与本地系统的时钟同步。这个问题可以通过使用同步信号或者通过特定的同步序列来实现。一旦实现了同步，可以确保信号在接收端的正确采样。

其次，需要对接收到的信号进行参数初估计，包括对信号的频率、幅度、相位等参数的估计。这个过程可以通过使用频率估计算法、自相关函数等方法来实现。

解决上述两个问题后，可以将这些步骤整合到信号检测与参数初估计算法的处理流程中，具体的参数设计将在下节进行详细介绍。

4.2.1 需考虑的问题

（1）信号属性判断。

信号属性判断是信号处理中非常重要的一步，它指的是对观测到的信号进行分析和评估，以确定信号的特性和属性。常用的信号属性判断方法有能量和功率分析、频率分析、周期性判断、脉冲宽度分析、信号形态分析，等等。

搜救信号分为两类：一类是正常信标信号，另一类是自测试信标信号。就这两类信号的位帧同步而言，15bit 位同步是完全相同的（都为"1"），其不同之处在于 9bit 帧同步中的后 8bit：正常信标信号的帧同步为"000101111"，自测试信标信号的帧同步为"011010000"。因为接收端无法预知所接收信标信号的属性，所以不能使用完全固定的本地位帧同步信号，需要在处理过程中判断信号属性，之后再进行信号检测和参数估计。

由第 2 章的论述可知，基于位帧同步的信号检测与参数初估计的核心，是接收信号与本地位帧信号间的相关计算。若在此过程中判断信号属性，则可从不同属性下位帧同步的相似程度考虑，即比较不同本地位帧同步信号下的相关结果。若不考虑噪声的影响，则在信号属性不同和相同两种条件下得到的相关值之比为 1/3，由此值可知两种相关结果具有明显差异。

具体的实现过程可简单描述为：首先，存储正常信标信号和自测试信标信号的位帧同步，然后分别将其作为本地信号与接收信标信号进行相关计算，并将各自计算得到的峰值进行大小比较，选择较大峰值对应的本地位帧信号属性作为接收信号属性，从而达到接收信号属性判断的目的。

（2）频率估计。

频率估计是指在信号处理领域中，通过对一组观测到的数据进行分析，推断出信号中的频率信息的过程。目的是在给定一组离散或连续的数据时，推断出信号中的频率成分。

2.4.2 节给出了基于位帧同步的信号检测和参数初估计方法，期望由其得到比纯载波估计时更精确的频率估计结果，但实际位帧同步持续时间约为 60ms，而纯载波检测时用于频率计算的数据长度为 81.92ms，即使所用数据都有效，那么基于位帧同步的信号检测和参数初估计中得到的频率估计精度反而会更差，这样也会影响 TOA 和数据位宽的估计精度。

由前面的分析可知，数据调制采用的是残留载波方式，也就是说，数据调制部分仍含有载波分量，如图 3.6 所示，其中载波分量功率占信号总功率的比例约为 45.36%，因此可考虑使用较长的信标数据（可包含数据调制部分）单独进行频率估计，这样就会积累到更多的载波能量，从而得到更高精度的频率估计结果。

由于不同载噪比下经 FPGA-I 处理后存储数据前端的噪声长度变化范围可达 100ms，同时考虑 FPGA 实现的硬件资源限制，所以从存储数据的 80ms 处开始截取 65536 点（327.68ms）的数据用于频率估计，若暂不考虑调制造成的载波能量损失，此时的频率估计分辨率约为 3.05Hz。当然，在 FFT 计算前和频率估计时亦可采用加 Hamming 窗和面积重心法改善频率估计精度。

(3) 数据归格化。

接收信号在进入通道处理时，经过模拟电路的自动增益控制模块（AGC），已经使得 A/D 的输入信号功率保持在基本恒定的值上，然而对不同载噪比下的信号来说，信号幅度起伏范围仍然较大。同时，在 FPGA-I 中，A/D 采样量化后的数字信号经过了一系列的正交下变频和滤波处理，历经多次符号扩展，使得最终得到的 DPRAM1 中存储的不同载噪比下的信标信号的有效数据位数可能差别很大。这样，在截取固定字长进行后续处理时，载噪比较低时的数据有效位数较少，可能影响处理结果的精度。

FPGA-I 输出的信标信号数据分别单独存储在 DPRAM1 中的某一段地址空间，其长度固定为 650ms。为避免上述问题的出现，在 FPGA-II 中须首先完成对这些信标数据的归格化。具体操作过程为：从 650ms 数据中找到最高有效数据位，根据数据位长计算出最小符号的冗余长度，然后将所有数据位左移该长度，从而达到提高后续处理精度的目的。

4.2.2 处理流程

考虑信标信号属性判断、单独的频率估计，以及数据归格化问题，基于位帧同步的信号检测与参数初估计算法的处理流程如图 4.1 所示。整个算法可简单描述如下：

（1）在判断出存储空间 DPRAM1 中有需要处理的数据时，启动位帧同步处理单元；

（2）从 DPRAM1 中读取数据，进行归格化处理，记录归格化结果；

（3）读取 65536 点数据进行 FFT 计算，求模方，在 –25Hz ～ 25Hz 范围选出最大值，利用面积重心法，选取最大值及其左右各两点计算得到较高精度的频率估计值；

（4）读取用于相关处理的归格化数据，用刚估计得到的频率值进行正交下变频；

（5）分别产生本地正常和自测试位帧同步搜索数据，与正交下变频结果做相关计算（相关计算采用 FFT 运算、复乘和 IFFT 运算过程实现）；

第 4 章　信号检测与参数初估计算法及实现

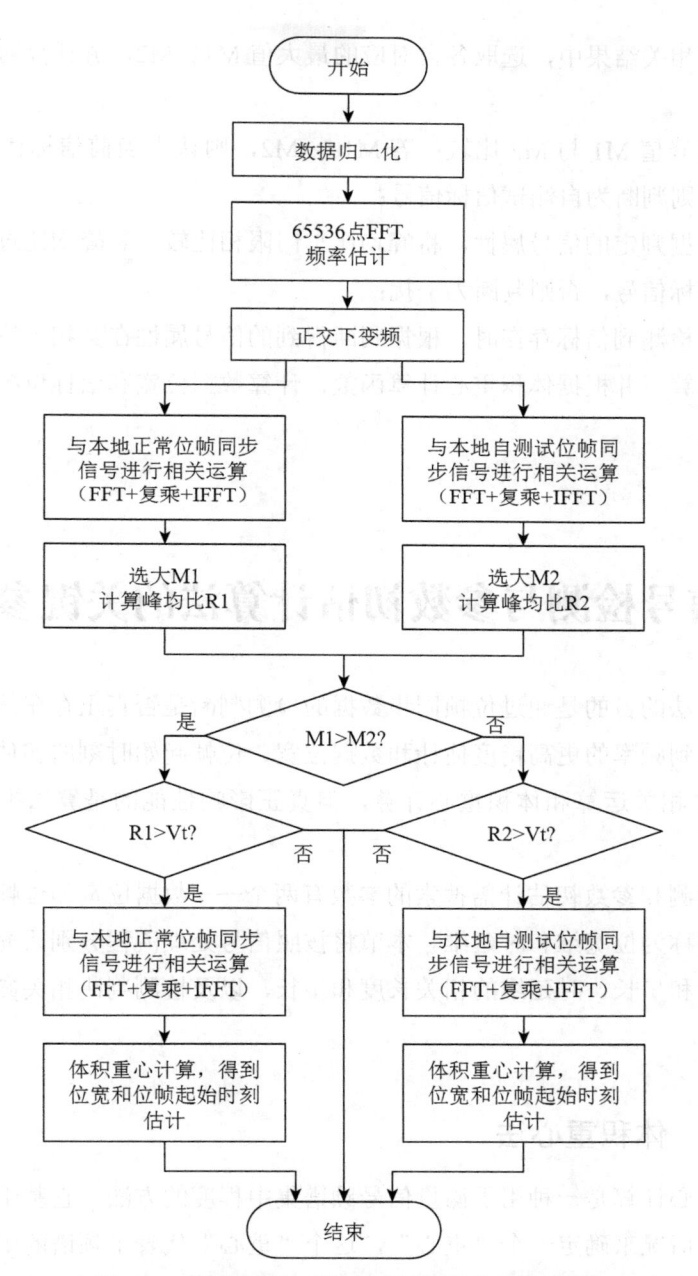

图 4.1　信号检测与参数初估计算法的处理流程

（6）在相关结果中，选取各自对应的最大值 M1、M2，并计算对应的峰均比 R1、R2；

（7）将峰值 M1 与 M2 比较；若 M1 > M2，则认为当前信标信号为正常信标信号，否则判断为自测试信标信号；

（8）根据判定的信号属性，将峰均比与门限相比较；若峰均比过门限，则确定检测到信标信号，否则判断为干扰；

（9）当检测到信标存在时，根据判断得到的信号属性在其相关峰值附近重新进行相关计算，并根据体积重心计算函数，计算数据位宽和信标位帧同步起始时刻的估计值。

4.3 信号检测与参数初估计算法的关键参数设计

本章算法的目的是通过位帧同步数据的检测判断是否真正存在信标信号，并与此同时得到频率的更高精度估计和数据位宽、位帧起始时刻的初估计。算法的主体是 FFT 相关运算和体积重心计算，但真正影响性能的是算法中各参数的设计选取。

信号检测和参数初估计需搜索的参数有两个——数据位宽和位帧起始时刻，此处将其简称为位宽维和时延维。本节将按照信号处理流程分别研究数据位宽维的搜索范围和步长、时延维的相关长度和步长，以及检测判决相关参数等的设计选取问题。

4.3.1 体积重心法

体积重心计算是一种用于衡量信号频谱集中程度的方法。它基于频域上信号能量的分布情况来确定一个"重心"，这个"重心"代表了频谱的中心位置。具体来说，如果将频谱看作一个图形，其中横轴表示频率，纵轴表示信号能量（或幅度），那么体积重心可以类比为图形的中心点。

计算体积重心的方法通常是将频谱分成许多小的频率区间，并在每个区间内计算相对于频率轴的重心位置。然后，通过将每个小区间的频率重心乘以对应区间的能量（或幅度），再进行加权求和，得到整体频谱的体积重心。这种方法有助于了解信号在频域上的主要特征，例如，哪些频率分量对整体频谱的贡献更大，从而可以更准确地估计信号的主要频率成分。

需要注意的是，具体的计算方法可能会因应用场景、算法设计等因素而异，因此在实际应用中，可能会有不同的体积重心计算方法被采用。

4.3.2 数据位宽的搜索范围和步长

根据 2.2 节搜救信标信号的格式定义可知，接收信号可能出现的数据位宽范围为 2.5ms±1%，即 2.5ms±25μs。图 4.2 给出了接收信号数据位宽为 2.5ms 的标准值、本地位帧同步信号的数据位宽在 2.5ms±125μs 变化时，两个信号相关的结果。

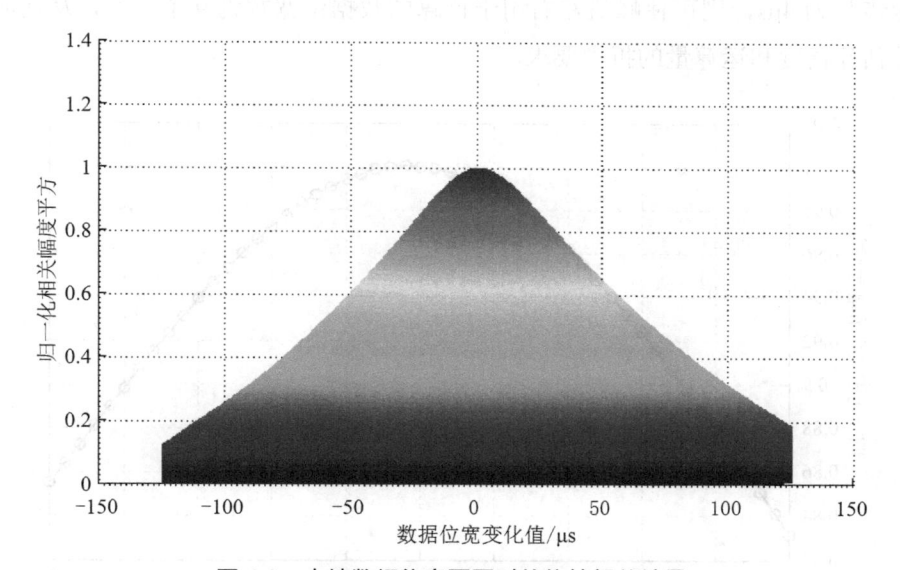

图 4.2 本地数据位宽不同时的位帧相关结果

由图 4.2 可见，大于峰值 0.8 倍以上相关结果数据都处于真实数据位宽附近 [−25μs，+25μs] 的范围，这里的真实数据位宽即接收信号数据位宽。再考虑接收数据位宽可能的变化范围为 2.5ms±25μs，取数据位宽的搜索范围为 2.5ms±50μs。

在数据位宽，搜索步长越小，参数估计精度将越高，但所需搜索的数据位宽数相应就越多，运算量也越大。因此，搜索步长的选取需折中考虑运算量与参数估计精度。

采用体积重心法来计算参数估计结果可以抑制搜索步长的量化误差影响，其抑制效果与计算体积重心所用数据点数以及真值左右数据之间的对称性有关。在一般情况下，要在尽量不影响参数估计精度的情况下减小运算量，应选择峰值左右共 5~9 个点。

下面将通过比较改变本地数据位宽时得到的各相关峰值间的相对大小和对称程度来选择最佳的搜索步长值，以使在减小运算量同时尽量不影响参数估计精度。

图 4.3 显示了本地数据位宽不同时的归一化位帧相关峰值结果，其中数据位宽的搜索步长为 1μs。由图可见，峰值大于 0.9 的有 37 个点，若选取数据位宽的搜索步长为 4μs，则可使峰值左右用于计算的数据位宽数为 9 个左右，从而满足参数估计精度和运算量的折中要求。

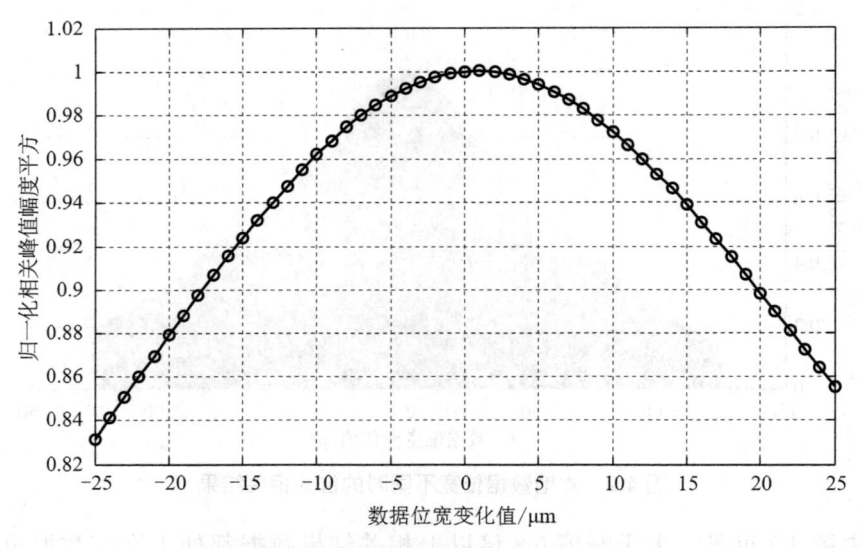

图 4.3 本地数据位宽不同时的归一化位帧相关峰值

综上所述，确定数据位宽的搜索范围为 2.5ms±50μs，搜索步长为 4μs，因此，整个数据位宽维所需搜索的不同数据位宽个数为26。

4.3.3 时延维的相关长度和步长

位帧同步持续时间为60ms，再加上DPRAM1中信标信号数据起始位置的不确定度大约为100ms，所以时延维用于相关计算的接收数据长度至少应大于160ms，考虑硬件实现，并为处理留出一定裕量，将用于相关处理的信号长度定为327.68ms。这样选择是考虑到当前200kHz的采样率，327.68ms的数据长度正好对应65536个采样点，在FPGA中可使用65536点基2FFT进行快速运算。

对于时延维为减少计算量并加快运算速度，可采用FFT相关法实现时延维的相关计算；但对于位宽维，只能逐个搜索，再加上信号属性判断的需要，对于一组需作信号检测与参数初估计处理的接收数据，要在不同数据位宽值上共进行52次FFT相关运算。

由于数据采样率为200kHz，327.68ms的数据长度对应65536个采样点，在FPGA中使用65536点基2FFT进行快速运算，仅FFT处理就需655622个时钟周期。若采用80MHz的工作时钟，即使考虑数据输入输出采用流水方式，一组FFT的处理时间也大约要9ms。利用FFT的快速相关运算包含三个步骤：接收数据和本地数据分别进行FFT计算、FFT结果共轭复乘、IFFT计算。也就是说，FFT相关运算需要至少一次FFT计算和一次IFFT计算，因此，完成52次FFT相关运算则至少需要104×9ms=936ms的处理时间。

在利用相关运算结果进行检测判决和信号属性判别后，还需通过体积重心法用其进行信号参数的初估计。为减少处理时间，可将这些相关运算结果全部存储下来。如果一个相关结果数据的模平方值占用32bit宽度，那么52组65536点相关结果的存储需要2959块36k的BlockRAM，这在FPGA内部根本无法实现。如果不存储这些相关结果，那么在参数初估计中需要进行重新计算，这样又不满足处理的实时性要求。因此，考虑减少FFT点数（减低采样率）来降低计算过程中的运算量。

无频率偏差、数据位宽一致情况下的部分归一化位帧相关幅度平方如图4.4所示。

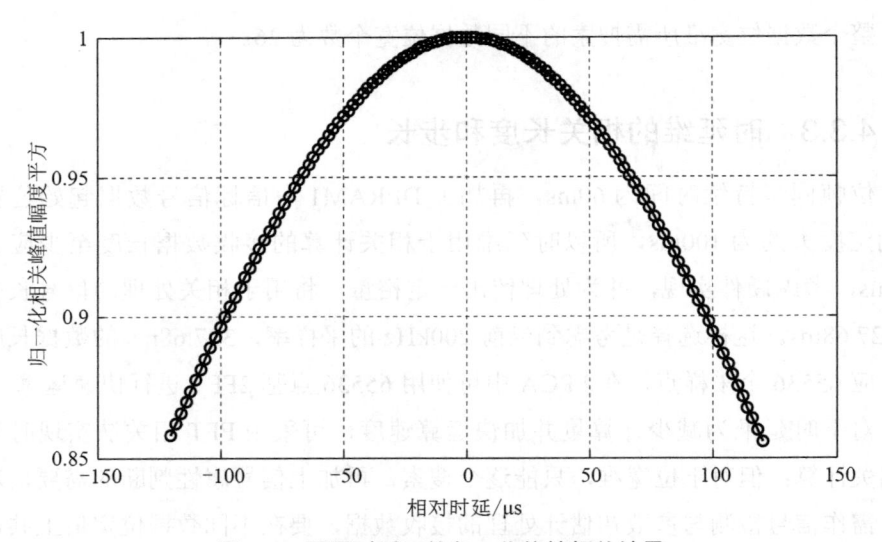

图 4.4　不同时延下的归一化位帧相关结果

　　图 4.4 中时延维的搜索步长为 2μs，相关值大于 0.9 倍峰值的点有 97 个。为了在保证一定的参数估计精度的前提下最大限度地减少 FFT 相关运算的运算量，设定时延维的搜索步长为 40μs，这样将使得峰值左右大于 0.9 的约有 5 个点。40μs 的搜索步长对应的采样率为 25kHz，因此，对于当前 200kHz 的采样率，需进行 8 倍抽取。

　　在第 3.8 节的仿真分析中已知，当载噪比为 34.8dBHz 时，经 FPGA1 处理后的数据中残留的载波频率值基本不会超出 2Hz，而且 FPGA1 中最后的低通滤波器通带宽度为 2.2kHz，所以这里选择 25kHz 的采样率远远满足采样定理的要求。

　　经 8 倍抽取后，FFT 相关运算中的 65536 点变为 8192 点，在 80MHz 的工作时钟下，整个 FFT 相关运算的时间降为 15ms，但要存储 52 组 8192 点的相关结果仍需要 370 块 36k 的 BlockRAM，此时 FPGA 内部的存储空间仍无法满足。但是，因为现在的处理时间有较大裕量，所以我们选择在参数初估计时重新计算所需的 FFT 相关结果值。这样既解决了存储空间的限制，也不会影响算法处理的实时性要求。

　　综上所述，信号检测和参数初估计中用于 FFT 相关计算的数据长度取 327.68ms，搜索步长取 40μs，对应 8192 个采样点。

4.3.4 检测判决参数

基于位帧同步的信号检测判决需完成两项任务:(1)判断预检测得到的信号是否确实是搜救信标信号;(2)如果是搜救信标信号,应进一步判断其属性。关于信标信号属性的判断方法在 4.2.1 节中已经介绍过,因此本节主要介绍搜救信号检测判决参数的设计选取。

在第 3 章中采用 FFT 相参积累和频域恒虚警判决相结合的方法确认单频信号的存在,其核心参数就是噪声基底的选取和检测门限的确定,所以在基于位帧同步的检测判决中也将对这两个参数的选择进行详细描述。

1. 噪声基底的选取

在无噪声的情况下,接收信标信号与本地位帧信号进行相关,得到的归一化相关结果幅度平方三维图如图 4.5 所示。为了更形象地表达不同接收信号数据段的相关结果,将不同载噪比下的三维图投影在时延维,如图 4.6 所示,以表述不同时延下的相关结果。

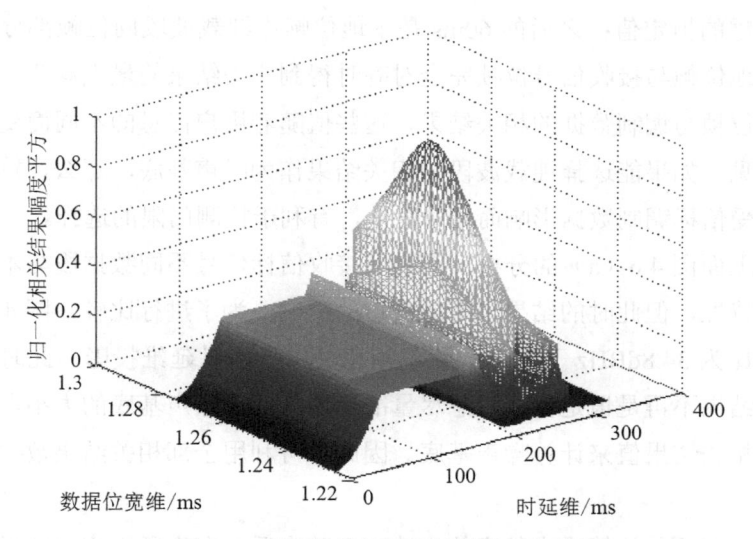

图 4.5 归一化位帧相关结果的三维图

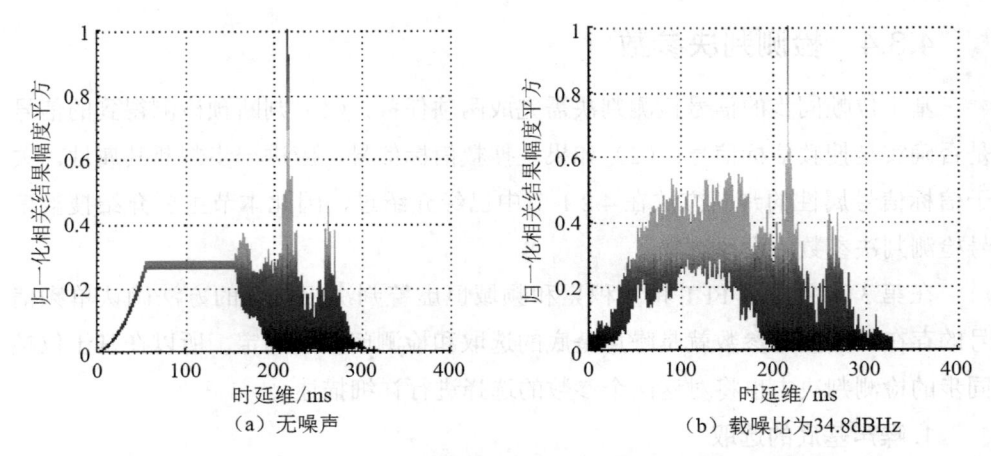

图 4.6　不同载噪比下归一化位帧相关结果在时延维的投影

如图 4.6（a）所示，在开始的 55ms 内，相关值逐渐增加，这是由于本地位帧同步逐渐与接收信标信号的纯载波段重合；接着的 100ms 是本地位帧同步与纯载波段完全重合后的相关结果，由于采用的是残留载波调制，所以此时的相关结果是非零的恒定值；之后的 60ms 是本地位帧由纯载波段向位帧部分滑动的过程，当本地位帧与接收信号位帧完全对齐时得到相关结果的最大峰值；最大峰值后是本地位帧与调制数据的相关结果，这些值随着用户信息的不同而变化。由上述观察可见，如果能选择纯载波段的相关结果作为噪声基底，那么计算得到的峰均比将不受信标调制数据影响而相对稳定，有利于检测门限的选择。

通过上面图 4.6（a）的分析，得到了接收信标信号不同数据段与本地位帧同步的相关特性，但此时的结果未考虑噪声的影响。为了进行比较，图 4.6（b）给出了载噪比为 34.8dBHz 下的归一化位帧相关结果的时延维投影，此时的纯载波段的相关结果不再是恒定值。若想尽量准确地估计出噪声基底的大小，应使用尽可能多的相关结果值来计算噪声基底。因此，可利用全部相关结果数据进行噪声基底计算。

至此，有两种计算噪声基底的方法，究其本质，在于所用相关结果数据的范围不同：（1）使用纯载波段的相关结果；（2）使用所有的相关结果。对于这两种方法，如何进行比较选择呢？下面我们将从计算的复杂度和所得峰均比值两个方面对这两种方法进分析比较。

1）计算的复杂度。

若使用方法一，采用纯载波段相关结果计算噪声基底，须首先确定相关峰值的位置，然后向前取固定长度的数据进行累计平均，由于 FPGA 内部无法存储所有相关结果值，要求在 26 组 FFT 相关峰值选大后再重新做一遍相关计算，以得到所需位置的相关结果，这样就使得 FFT 相关的运算量增加了一倍；若使用方法二，将所有相关结果数据都用于噪声基底计算，可以在 FFT 相关结果输出的同时直接进行累加计算，无须确定峰值位置，因此不会增加计算的复杂度。

2）峰均比值。

峰均比值（Peak-to-Average Power Ratio，PAPR）是在通信系统和信号处理中经常用于描述信号波形特性的一个重要参数。

PAPR 衡量了一个信号的峰值功率与平均功率之间的差异。具体来说，它表示信号的最高振幅（峰值）与信号的均方根值（RMS，反映平均功率）之间的比率。高 PAPR 值表示信号中存在较大的峰值，而低 PAPR 值表示信号的波形更加平稳。

在不同载噪比下，当接收信号分别为信标信号和单频信号时各进行 1000 次仿真，得到两种计算噪声基底方法对应的峰均比统计结果，如图 4.7 所示。

由图 4.7 可知，当接收信号为信标信号时，不同载噪比下两种噪声基底计算方法下得到的峰均比均值基本保持不变，标准差则随着载噪比的增加而减小；当接收信号为单频信号时，两种噪声基底计算方法下得到的峰均比均值和标准差都随载噪比的增加而减小。

从两个方面判断所选噪声基底是否合适：（1）接收信标信号计算得到的峰均比与单频干扰对应的峰均比有较大差别，且在不同载噪比下都不存在重合，即能通过设置一定的门限消除单频干扰的影响；（2）同一载噪比下计算得到的峰均比标准差尽量较小，即要求峰均比稳定。

按照上面的两个要求，观察图 4.7，对两种噪声基底计算方法进行比较发现，通过方法一得到的峰均比标准差比方法二要小，但在低载噪比情况下与干扰信号峰均比间的差异不够大；方法二对应的峰均比标准差虽然较大，但其峰均比均值本身就较大，而且与干扰信号峰均比间的差异也较大，不存在重叠现象，所以可作为较优选择。

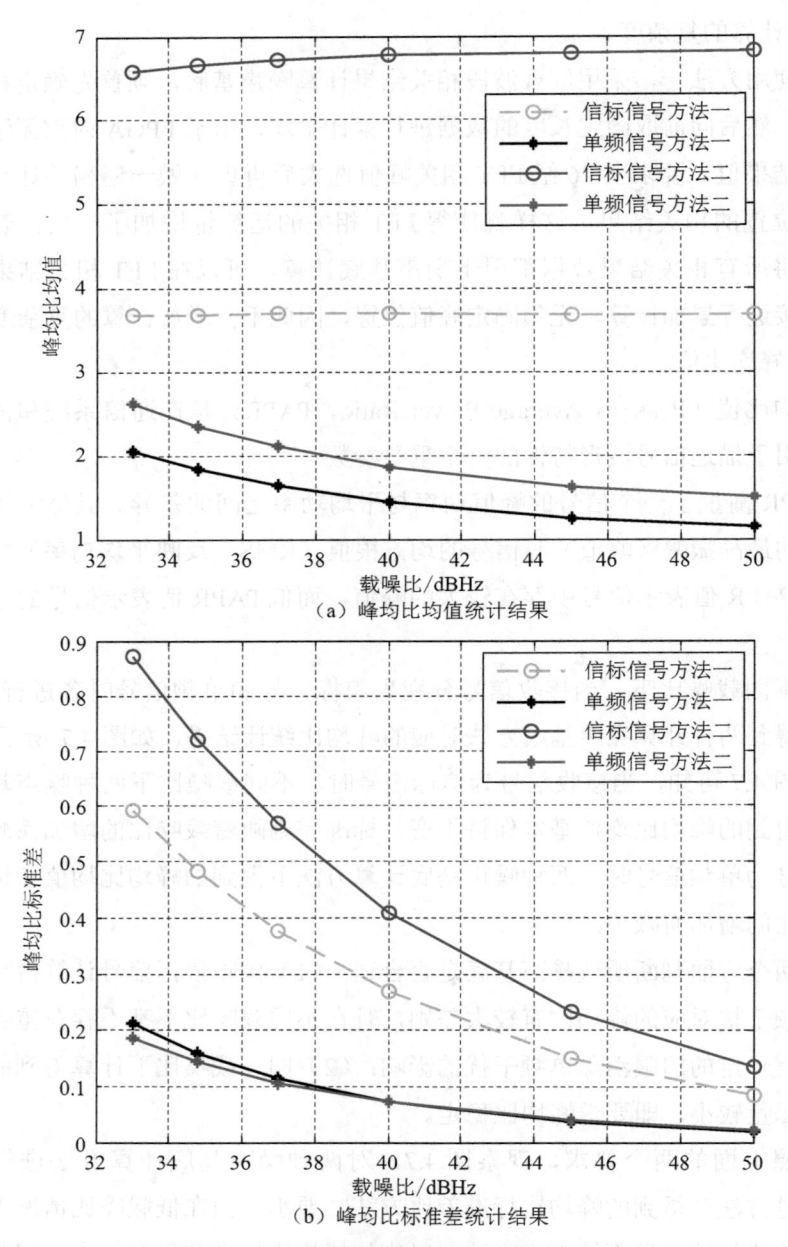

图 4.7 不同载噪比下的峰均比统计结果

综上所述，考虑到计算复杂度、单频干扰消除情况等，决定将所有相关结果数据用于噪声基底的计算，即采用方法二。

2. 检测门限的确定

在 FPGA1 中已经完成了基于 FFT 的信号预检测，只有含单频成分的信号才能送入 FPGA2 进行位帧同步检测，也就是说，位帧同步处理的信号只可能有两种——信标信号和单频干扰，因此我们设置的检测门限的主要作用是排除单频干扰。

当载噪比为 34.8dBHz 时，不同接收信号下对应的峰均比均值和标准差如表 4.1 所示。根据统计结果，当接收信号为信标信号时，峰均比比其统计均值还低 3 倍的标准差，即小于 4.5 的概率很低；当接收信号为单频干扰时，峰均比比其统计均值还高出 3 倍的标准差，即大于 2.8 的概率也很低。因此，检测门限值只要设在 [2.8，4.5] 的范围，就可实现高检测概率、低虚警概率的判决。

因此，选取检测门限为 4，在保证单频干扰被误检为信标信号的概率很低的同时，尽量提高对信标信号的检测概率。

表 4.1 载噪比 34.8dBHz 下的峰均比统计值

信号类型	均值	标准差
信标信号	6.66	0.72
单频信号	2.36	0.14

4.4 信号检测与参数初估计算法性能仿真验证

本节采用已确定的算法参数对基于位帧同步的信号检测与参数初估计算法进行性能分析，得到 FOA、TOA 和数据位宽的误差统计结果。

实际上，基于位帧同步参数初估计得到的是信标信号中长为 327.68ms 的数据的平均频率值及位帧同步的起始时刻值。下面的仿真中将此频率值称为 FOA，而 TOA 是根据位帧起始时刻和数据位宽值计算得到的位帧结束时刻。

取接收信标信号频率为 3kHz，数据位宽为 2.5ms，采样率为 200kHz，采用 4.3 节设计的算法参数：数据位宽的搜索范围为 2.5ms±50μs、搜索步长为 4μs，时延维的搜索范围为 327.68ms、搜索步长为 40μs，检测判决门限为 4，体积重心门限为 0.9，可得不同载噪比下 1000 次仿真的参数估计统计结果，如图 4.8 所示。

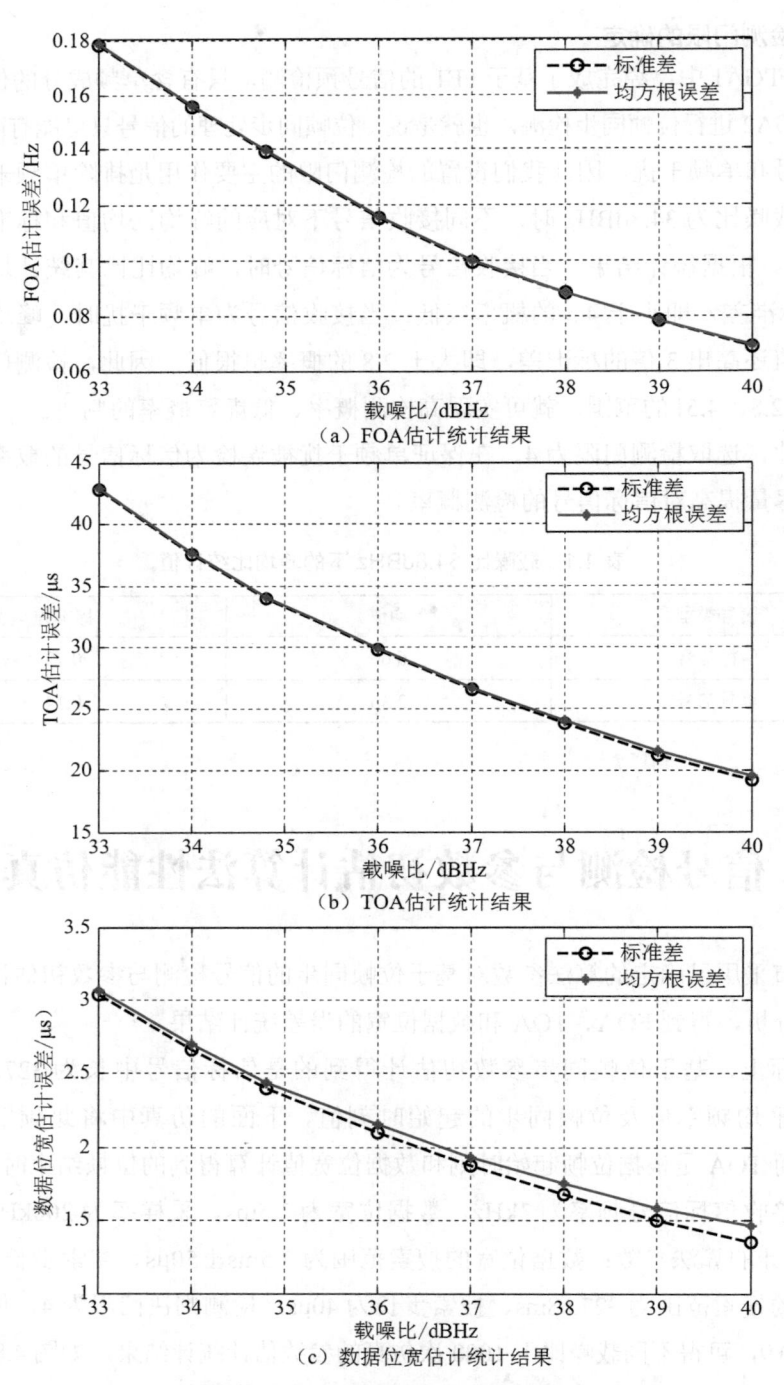

图 4.8 不同载噪比下 1000 次仿真的参数估计统计结果

第 4 章　信号检测与参数初估计算法及实现

　　由图 4.8（a）可见，当载噪比为 34.8dBHz 时，频率估计误差的标准差约为 0.14Hz，约为基于纯载波 FFT 的预检测与参数预估计得到的频率估计误差标准差 （0.6Hz）的 1/4，此结果恰与用于频率估计的数据长度一致：预检测与参数预估计使用 81.92ms 长的数据，利用位帧同步的信号检测与参数初估计使用 327.68ms 长的数据。

　　由图 4.8 可见，随着载噪比的增加，各参数估计误差逐渐减小，当载噪比为 34.8dBHz 时，TOA 估计的标准差约为 34μs，数据位宽估计的标准差约为 2.4μs；而且所有参数估计的标准差和均方根误差基本一致，说明各参数的估计偏差很小。

4.5　信号检测与参数初估计算法 FPGA 的实现

　　本节算法选用 Xilinx 公司的 Virtex-5 系列 xc5vsx50t-2ff1136 作为硬件实现平台，对应 FPGA-II。搜救信号检测与参数初估计算法的硬件实现框图如图 4.9 所示，图中的点实线表示 8192 点 FFT 是分时复用的。

　　使用 Xilinx ISE 9.2.04i 集成软件进行代码编写和调试，经逻辑综合、实现后得到的资源使用情况如表 4.2 所示。

表 4.2　FPGA-II 的资源使用情况

资源名称	使用情况	包含数量	使用比例
Slice Registers	17265	32640	52%
Slice LUTs	21135	32640	64%
BlockRAM	71	132	53%
BUFGs	3	32	9%
DCM_ADVs	1	12	8%
DSP48Es	65	288	22%

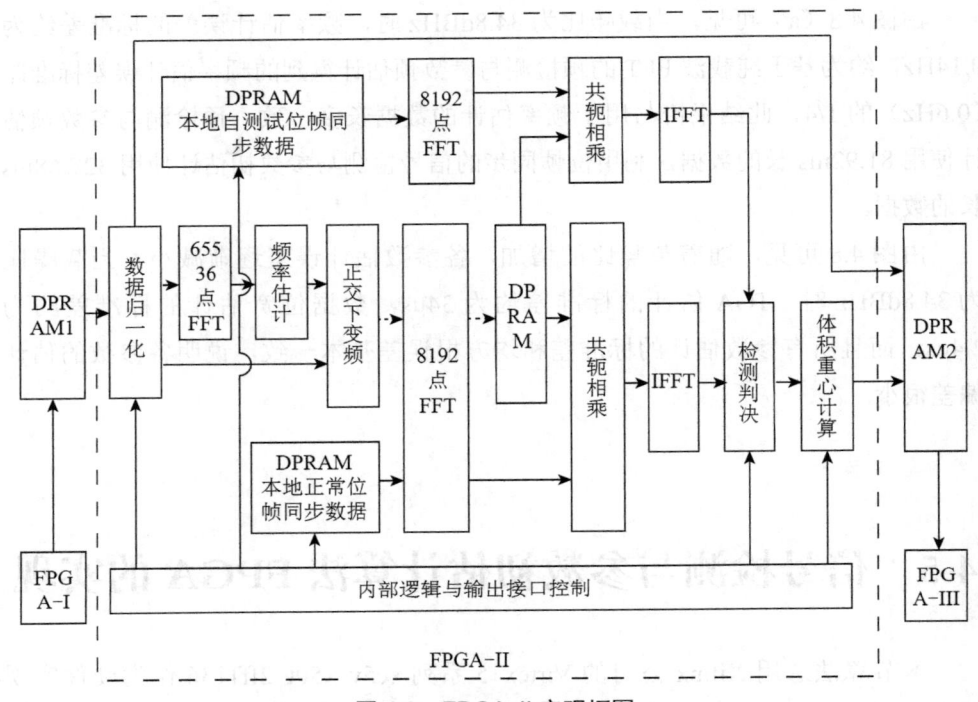

图 4.9 FPGA-II 实现框图

FPGA-II 的工作时钟为 80MHz，其实现过程中各模块间采用流水处理。对应的 FPGA-I 在 1s 内最多检测到 8 个信标信号，要求 FPGA-II 对单个信标信号的处理时间小于 125ms。经过处理时间分析和实际的仿真测试可知，FPGA-II 完成单个信标处理的时间约为 38ms，完全能够满足处理的实时性要求。

4.6 本章小结

本章以满足工程可实现性为目的，设计了基于位帧同步的信号检测与参数初估计算法流程，分析了算法中各参数的设计选取问题，给出了数据位宽的搜索范围和步长、时延维的搜索范围和步长，以及检测判决相关参数的设计方法和选取结果。在此基础上，给出了各处理参数确定后的算法性能仿真和 FPGA 实现结果。

第 5 章　解调解码与载噪比估计算法及实现

第 5 章 解调解码与载噪比估计算法及实现

5.1 引言

搜救信号在经过前面基于纯载波和位帧同步的信号检测与参数估计后，已完全确认了信标信号的存在，并得到了频率、位帧起始位置和数据位宽的较高精度估计值。本章将在此基础上经解调解码得到用户信息，并对搜救信号载噪比进行估计。

2.2 节已详细描述了搜救信号格式，其信息数据先进行 BCH 编码和曼彻斯特编码，再采用残留载波非归零二相编码 BPSK 载波调制，相位相对于无调制载波为 1.1 ± 0.1 弧度。除了固定的 bit1-24 为位帧同步，对于 bit25-85，后面补充 45 个零后采用 BCH（127，106）编码［简称为 BCH（82，61）编码］，21bits 纠错信息放在 bit86-106；对于短信息，bit107-112 不做 BCH 编码；对于长信息，除了具有 BCH（82，61）编码，它的 bit107-132 后面补 25 个零后采用 BCH（63，51）编码［简称为 BCH（38，26）编码］，12bits 纠错信息放在 bit133-144。

本章将根据搜救信号生成方式，依次完成解调解码算法设计、BCH 译码算法设计和载噪比估计算法设计，并在最后给出所设计算法的性能仿真和 FPGA 实现结果。

5.2 搜救信号解调解码算法设计

信息数据中，bit25 指出该搜救信标信号是短格式还是长格式，但在未解调解码得到此比特位信息时，信标信号的格式长短是无法判断的。因此，搜救信号解调解码算法默认所处理信标信号为长格式，这样即使信标为短格式也可不受影响。

搜救信号解调解码算法采用成熟的数字锁相技术、延迟锁定位同步技术和曼彻斯特解码方法共同实现，对应的处理流程如图 5.1 所示，可简单描述如下。

由载波 NCO 产生本地复制载波，将接收数据下变频后累加（积分清除）；处理 160ms 的载波段时，积分清除结果仅作为锁相环鉴相器的输入，在处理信息段时，积分清除结果一方面作为 144bits 用户数据的曼彻斯特解码输入，另一方面作为锁相环鉴相器和位环鉴别器的输入。锁相环鉴相器与位环鉴别器对积分清除结果进行鉴别后，将鉴别结果分别输入到环路滤波器与位环滤波器，环路滤波器的输出结果作为载波 NCO 的新频率控制字，位环滤波器的输出结果则用来调整积分清除时钟的位置。当完成 144bits 数据的曼彻斯特解码后，输出解码结果作为 BCH 译码的输入。

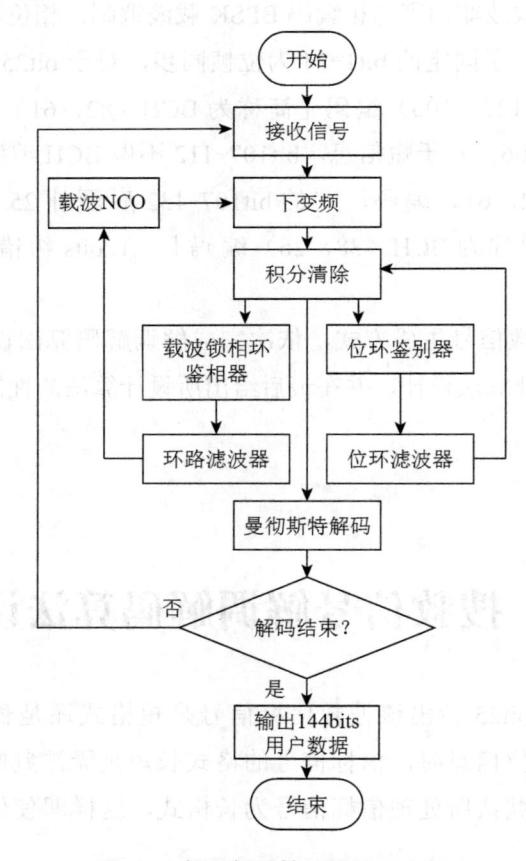

图 5.1 解调解码算法的处理流程

5.2.1 载波锁相环

在搜救信号的解调解码算法中,载波锁相环(Carrier Phase-Locked Loop,CPLL)发挥着至关重要的作用。它的主要作用是实现信号的相位同步和频率同步,确保接收到的信号与本地信号保持一致,这是信号正确解码的关键。CPLL还有助于抑制信号中的噪声和干扰,提高解调过程的鲁棒性,同时可以追踪快速相位变化,适应移动设备运动或信号传播条件的变化。这一技术的应用提高了搜救信号处理的准确性和可靠性,为搜救行动的成功提供了重要支持。

载波锁相环由载波 NCO、积分清除器、鉴相器和环路滤波器组成,完成残留载波相位的剥离。其工作过程如下:预设载波 NCO 的初始频率控制字,得到该频率控制字对应的正、余弦值,与本地接收信号复乘,将下变频后的结果累加,将累加结果作为鉴相器的输入,鉴相结果经过环路滤波平滑并转换为载波 NCO 的新频率控制字。原理如图 5.2 所示,其中在处理信息段时,积分清除采用位同步时钟 1.25ms 进行同步。

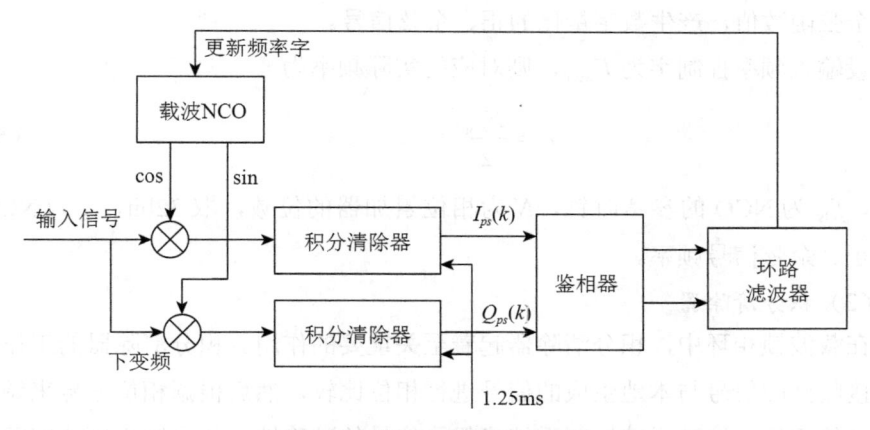

图 5.2 载波锁相环原理框图

(1) 载波 NCO。

载波 NCO 是载波跟踪环的重要组成部分,它的主要功能是产生本地复制载波信号。载波 NCO 由频率字控制,载波环路通过不断调整载波 NCO 的频率控制字来保持对接收信号频率和相位的跟踪。其原理如图 5.3 所示。

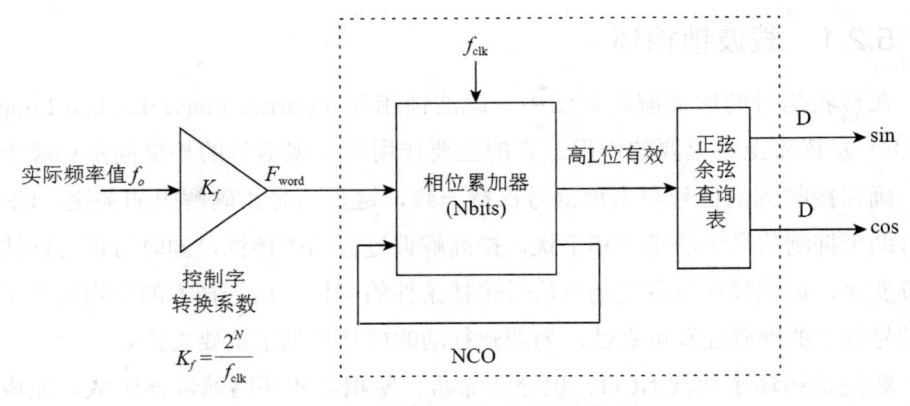

图 5.3 载波 NCO 原理框图

NCO 主要由输入频率控制字、相位累加器和正余弦查找表三部分构成。其工作过程如下：相位累加器在 NCO 时钟 f_{clk} 的作用下以频率控制字 F_{word} 为步长在 N 位累加器中作加法运算，算出的相位取高 L 位去寻址正余弦查找表，正余弦查找表中存有正、余弦函数表，表的深度为 2^L，正余弦查找表输出 D 位的正、余弦函数值，产生数字量化的正、余弦信号。

设输入频率控制字为 F_{word}，则对应的实际频率为

$$f_o = \frac{F_{word}}{2^N} \times f_{clk} \tag{5.1}$$

式中，f_{clk} 为 NCO 的参考时钟，N 为相位累加器的位数，取 32bit，f_o 为 NCO 输出的正、余弦信号频率。

（2）积分清除器。

在载波锁相环中，积分清除器起着至关重要的作用。积分清除器的工作原理是将接收到的信号与本地生成的信号进行相位比较，然后根据相位差异来调整本地信号的相位。这种反馈控制系统确保了信号的准确性，使得锁相环能够跟踪和锁定输入信号的相位，不受是否存在频率误差或其他干扰的影响。在载波锁相环的应用中，积分清除器的设计和参数设置至关重要，以确保锁相环能够在不同条件下有效运行，维持稳定的相位同步，从而支持各种通信和信号处理任务。

积分清除器有两个作用。

作为低通滤波器。积分清除器相当于一个低通滤波器，滤除复数相乘（混

频）后的和频分量。

降低采样率。因为在 160ms 的载波段中没有数据位的跳变，所以综合考虑载波锁相环更新速率和跟踪精度，选择积分清除时间为 4 个数据位周期（对应第 4 章得到的数据位宽估计值），约 10ms；在处理信息段时，将每个数据中前后半个数据位（对应位同步环中再生的位同步时钟，约 1.25ms）的积分清除结果相乘后再进行累加。这样既能抵消曼彻斯特编码的作用，也能消除数据位跳变的影响，但会使得到的载波相位变为原有残留相位的两倍。由于锁相环处理完载波段后基本进入锁定状态，所以此时的总积分清除时间仍约为 10ms。

（3）鉴相器。

在载波锁相环中，鉴相器（Phase Detector）是一个关键的组件，其主要任务是比较来自本地振荡器和接收信号的相位差异，并输出一个错误信号，用于调整本地振荡器的频率和相位，以实现信号锁定和跟踪。

鉴相器的工作原理通常基于比较输入信号的相位与本地振荡器生成的信号的相位差。根据这个相位差，鉴相器产生一个控制信号，该信号指示了相位差异的方向和大小。这个控制信号被送入环路滤波器和控制环路，以对本地振荡器的频率和相位进行调整，以最小化相位差异，从而锁定输入信号。鉴相器在 CPLL 中的作用是确保本地振荡器与输入信号保持相位同步，这在通信、射频接收器、频谱分析仪和其他需要频率和相位锁定的应用中非常重要。根据不同应用的需求，鉴相器可以采用不同的设计和工作原理，如乘法鉴相器、相移鉴相器等。这些鉴相器帮助 CPLL 系统实现高度准确的频率和相位控制，以确保信号的可靠性和稳定性。

常用的四种鉴相器算法及其特性如表 5.1 所示。其中，I_{ps} 和 Q_{ps} 分别表示 I、Q 两个通道积分清除的结果。对四种鉴相算法进行比较可看出，当 $|\phi| < \pi/12$，可以近似认为 $\sin(\phi) \approx \tan(\phi) \approx \phi$，即 $\tan\phi$ 和 $\sin\phi$ 的线性范围受限，并不适合初始时刻相位差较大的情况。对于二象限反正切 ATAN(Q_{ps}/I_{ps})，鉴相范围在 $[-\pi/2, \pi/2]$，与四象限反正切 ATAN2(Q_{ps}, I_{ps}) 的鉴相范围 $[-\pi, \pi)$ 相比，显然四象限反正切更为优秀，而且 FPGA 中的 CODIC IP 核可以弥补其运算量大的不足。

表 5.1　四种鉴相算法的特性比较

鉴相算法	输出相位误差	特性
Q_{ps}/I_{ps}	$\tan\phi$	运算量要求最低； 斜率与信号幅度平方 A^2 成正比
$Q_{ps}/\sqrt{I_{ps}^2+Q_{ps}^2}$	$\sin\phi$	运算量要求中等； 斜率与信号幅度成正比
$\text{ATAN}(Q_{ps}/I_{ps})$	ϕ	斜率与信号幅度无关； 运算量要求较高； 同时必须核查以区分在 $\pm90°$ 附近的 0 误差
$\text{ATAN2}(Q_{ps},I_{ps})$	ϕ	四象限反正切； 斜率与信号幅度无关； 运算量要求最高

四种鉴相算法特性曲线如图 5.4 所示。

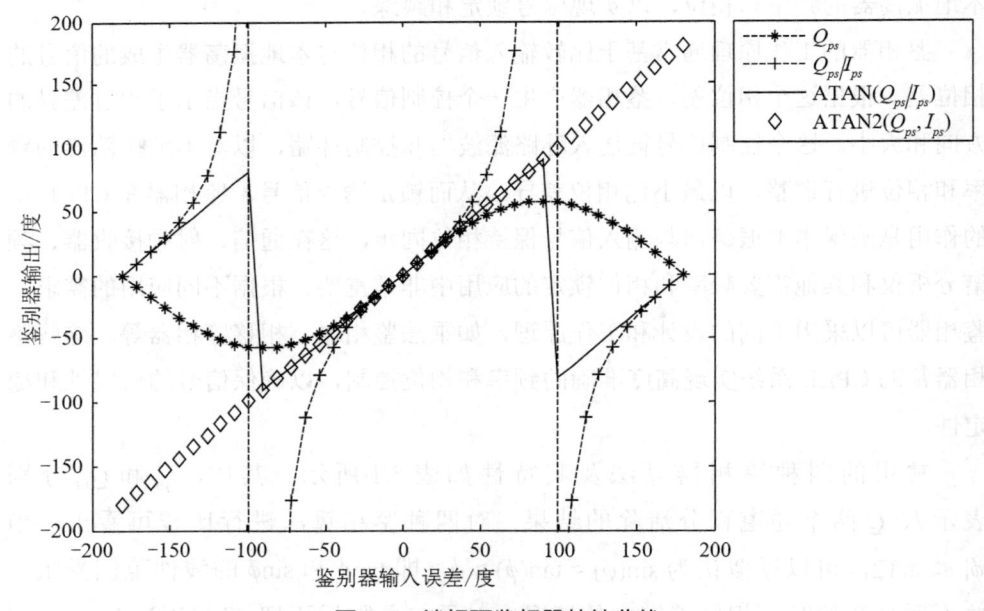

图 5.4　锁相环鉴相器特性曲线

所以，在硬件条件允许的情况下选择的鉴相算法为

$$e_{pk}=a\tan 2\left(Q_{ps}(k),I_{ps}(k)\right) \tag{5.2}$$

其中，$I_{ps}(k)$，$Q_{ps}(k)$ 分别是积分清除器在时刻 k 的同相支路和正交支路输出，

第 5 章 解调解码与载噪比估计算法及实现

e_{pk} 为鉴相器输出，$e_{pk} = a\tan 2\left(Q_{ps}(k), I_{ps}(k)\right) = \theta_k - \hat{\theta}_k = \Delta\theta_k$，其中 $\Delta\theta_k$ 为载波相位估计偏差。因此，四象限反正切鉴相算法增益为 $K_d=1$。

（4）环路滤波器。

在信号处理中，环路滤波器是一种用于抑制噪声和消除多普勒效应的重要技术。其主要任务是滤除控制环路中不需要的频率成分，以维持环路的稳定性和准确性。

虽然接收信号中存在多普勒变化率，但一般不大于 0.7Hz/s，在 200kHz 的采样率下其影响基本可以忽略，因此这里采用理想二阶跟踪环路，其最优环路滤波器为

$$F_\tau(s) = \frac{\sqrt{2}\omega_{np}\cdot s + \omega_{np}^2}{K_d K_v s} = \frac{1}{K_d K_v}[\sqrt{2}\omega_{np} + \omega_{np}^2 \cdot \frac{1}{s}] = \frac{1}{K}[\sqrt{2}\omega_{np} + \omega_{np}^2 \cdot \frac{1}{s}] \quad (5.3)$$

其中，$\omega_{nP} = \frac{4\sqrt{2}}{3}B_{CPLL}$ 为环路的自然角频率，B_{PLL} 为环路的等效噪声带宽；K_d 为鉴相器增益 ($K_d=1$)；K_v 为 NCO 增益 $K_v = 2\pi \cdot \frac{F_s}{2^{32}}$（采样率 $F_s=200$kHz）。

环路滤波器的离散传递函数为

$$F(z) = \frac{(\sqrt{2}\omega_{np} + \omega_{np}^2 \cdot T) - \sqrt{2}\omega_{np} \cdot z^{-1}}{1 - z^{-1}} \cdot 2^{32} / (2\pi \cdot F_s) \quad (5.4)$$

其时域对应的表达式为

$$\theta(k) = \theta(k-1) + (\sqrt{2}\omega_{np} + \omega_{np}^2 \cdot T^2) \cdot e_p(k) - \sqrt{2}\omega_{np} \cdot e_p(k-1) \quad (5.5)$$

其中，$\theta(k-1)$，$e_p(k-1)$ 和 $e_p(k)$ 的初值均设置为 0。

通过对 CPLL 的误差分析，得到环路最佳带宽公式

$$(B_L)_{\text{CPLL\_optimum}} = 0.6755 \sqrt[5]{\frac{\dot{\omega}^2}{\frac{1}{C/N_0}(1 + \frac{1}{2T\,C/N_0})}} \quad (5.6)$$

式中，B_L 为环路带宽，T 为环路更新时间，C/N_0 为接收信号载噪比。

5.2.2 位同步环

位同步环在数字通信中扮演着至关重要的角色，它能够确保数据信号被准确解析和恢复，而无须担心时钟漂移或抖动等问题。不同的通信标准和协议可能使用不同类型的位同步环来适应各自的需求。

在通信系统中，数据通常以比特流的形式传输，而接收端需要正确地将这些比特分解为离散的数据位。位同步环的任务是检测接收到的比特流中数据位的时刻，以便在正确的时刻对其进行采样，这对于正确解码数据非常重要。

因为在基于位帧同步的信号检测与参数初估计过程中，得到的位帧起始位置和数据位宽的估计值与接收信号的真值之间存在一定的误差，所以需要采用数字延迟锁定位同步环技术，以实现数据位的较精确同步。

接收信号的信息位速率为 400bps，因曼彻斯特编码，每一个信息位内都存在相位跳变，所以设计位时钟的一个时钟周期对应半个信息数据位宽，即位时钟频率为 800Hz。位同步环由数字延迟锁定环来实现，在载波锁相环锁定后，用环路积分清除的再生 800Hz 位时钟的上升沿对应前后半个数据位的起始位置，位同步环的作用就是根据位同步环鉴别器输出的结果，对本地估算的再生 800Hz 时钟的上升沿进行连续不断的反馈调节，从而达到使本地估算的位同步时钟与接收信号相位跳变点同步的目的。

位同步环由积分清除器、误差鉴别器和环路滤波器组成，如图 5.5 所示。其中，$I(k)$ 为输入的数据流，环路滤波器采用二阶环。

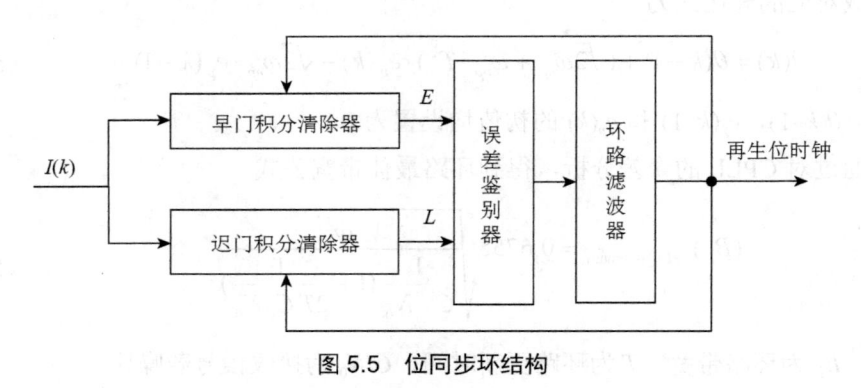

图 5.5 位同步环结构

（1）积分清除器。

积分清除器有早门和迟门两种。早门积分清除器累加再生位同步时钟高电平对应的数据段，迟门积分清除器累加再生位同步时钟低电平对应的数据段。

若再生位同步时钟没有误差，则早门积分清除结果和迟门积分清除结果完全相等；若再生位同步时钟存在误差，则早门积分清除结果和迟门积分清除结果不相等，两者的差值和位时钟与相位跳变真实位置偏差的大小成比例。早门与迟门积分清除器的时序如图 5.6 所示。

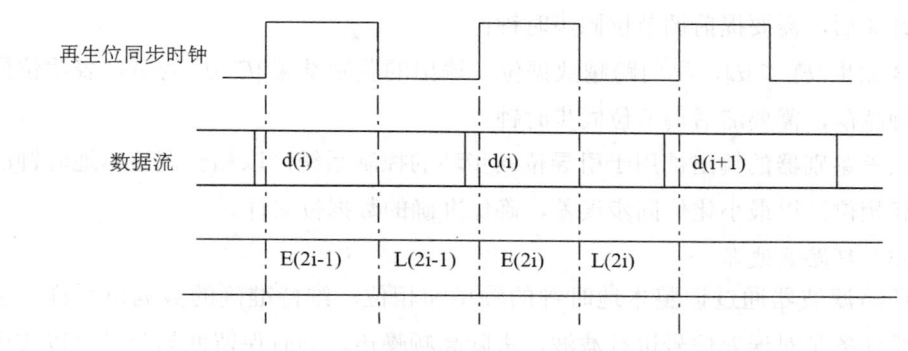

图 5.6 早门与迟门积分清除器的时序

因为采用残留载波非归零二相编码调制相位，在载波相位无误差的情况下，位时钟的偏差只会造成早门与迟门积分清除结果的虚部不相等，所以取早门积分清除结果的虚部 E 与迟门积分清除结果的虚部 L 作为鉴别器的输入。

早门和迟门积分清除器操作依赖位同步时钟的高电平和低电平对应的数据段，通过积分清除操作来检测位同步的时刻。当位同步时钟没有明显误差时，早门和迟门积分清除器的输出结果应趋于一致。然而，如果存在位同步时钟的误差，那么这两者的输出将不一致，其差值将反映出位时钟的相位跳变位置偏差的程度。因此，早门和迟门积分清除器协同工作，有助于保持数据位的准确采样，尤其适用于残留载波非归零二相编码调制相位等复杂信号处理环境。这样的系统设计有助于位同步环在不同条件下稳定运行，以确保数据的可靠性和正确性。

（2）误差鉴别器。

误差鉴别器用于检测接收到的数据位与本地时钟的相位差异，以确定是否存在位同步误差。其工作原理是比较数据位的采样时机相对于本地时钟的相对偏移，用于量化位同步误差的大小和方向。如果数据位在准确的时刻被采样，相位差异将接近零，表示没有位同步误差。然而，由于时钟抖动和噪声等因素，实际情况下会存在一定的相位差异。

根据 $|E|$ 和 $|L|$ 的大小来判断位同步时钟的调整方向，同时把 $|E|-|L|$ 作为鉴别结果输出。位同步时钟的调整过程可描述如下：

① 如果 $|E|=|L|$，位同步时钟没有偏差，不调整位同步时钟；

② 如果 $|E|>|L|$，迟门跨越数据位，输出的鉴别结果 $|E|-|L|$ 为正，表明位同步时钟滞后，需要提前调节位同步时钟；

③ 如果 $|E|<|L|$，早门跨越数据位，输出的鉴别结果 $|E|-|L|$ 为负，表明位同步时钟超前，需要滞后调节位同步时钟。

误差鉴别器的输出被用于引导位同步环的控制系统，以相应调整本地时钟的频率和相位，以最小化位同步误差，确保准确的数据位采样。

（3）环路滤波器。

环路滤波器通过调整本地时钟的频率和相位，维持准确的数据位采样。它的主要任务是对误差信号进行滤波，去除高频噪声，同时保留低频分量，以实现位同步误差的快速校正。环路滤波器的设计和参数设置对位同步环的性能至关重要，它有助于确保数字通信系统在不同条件下的稳定性和数据准确性。

环路滤波器对鉴别器的输出进行平滑滤波，用于滤除随机噪声引起的抖动。位同步环所用的滤波器与载波锁相环的滤波器一样，只是环路增益 $K=1$。

5.2.3 曼彻斯特解码

在搜救信号解调解码算法设计中，曼彻斯特解码是常用技术之一，用于解析曼彻斯特编码的信号。曼彻斯特编码经常用于搜救信号，因为它具有自同步性，有助于确保信号解析的准确性。

曼彻斯特编码将每个数据位编码为两个连续的信号周期，通常分为高电平和低电平，以便在传输中保持时钟同步。在搜救信号中，曼彻斯特编码通常用于传输数据，如位置信息或紧急信号。曼彻斯特解码在搜救信号中至关重要，因为它能够在信号中找到自同步的参考点，从而确保数据的准确性和完整性。这种解码技术有助于搜救信号的可靠解析，为搜救操作提供了重要的参考信息。

曼彻斯特解码过程如下：由于曼彻斯特编码的每个码元的中心部分都存在相位跳变，而且方波周期内正、负电平各占一半，输入载波剥离后的接收信号，对每个数据位中前后半个数据位的积分清除结果进行共轭相加，以消除相位调制的影响，然后根据鉴相结果判断数据信息。

前后半个数据位的积分清除结果可以表示为

$$x_1 = e^{j(\Delta\theta_1 + 1.1M)}$$
$$x_2 = e^{j(\Delta\theta_2 - 1.1M)} \tag{5.7}$$

其中，$\Delta\theta_1$，$\Delta\theta_2$ 为残留载波相位（为很小值），M 表示数据信息，可取 ± 1。前后半个数据位的积分清除结果共轭相加，可得

$$\begin{aligned}x = x_1 + x_2^* &= e^{j(\Delta\theta_1 + 1.1M)} + e^{-j(\Delta\theta_2 - 1.1M)} \\ &= e^{j(\Delta\theta_1 + 1.1M)} + e^{j(-\Delta\theta_2 + 1.1M)} \\ &= e^{j1.1M}(e^{j\Delta\theta_1} + e^{-j\Delta\theta_2})\end{aligned} \tag{5.8}$$

因为 $\Delta\theta_1$，$\Delta\theta_2$ 很小，在判断 x 的相位极性时可以忽略，所以利用 x 的反正切值即可判断出数据信息：若反正切值为正，则数据位为 1；否则，数据位为 0。

5.3　BCH 译码算法设计

BCH 码是汉明码的一种推广，是广泛应用于数字通信和数据存储的线性纠错码。其设计旨在纠正通信通道中的错误，特别是在有噪声干扰的情况下。BCH 码用于提高数字通信系统的可靠性和抗干扰性，是通信领域中的重要工具。

BCH 码允许纠正多个错误，是循环码中功能最强大的一类，并且还能提供对分组长度、编码效率、码元集大小和纠错能力的多种选择。BCH 码能够预先确定纠错能力 t，然后设计码长和生成多项式的码。对于任意的整数 $m=3, 4, \cdots, n$ 与可达到的纠错数 t，都可以构造出一个设计距离为 d_0 的二元本原 BCH 码满足

$$n=2^m-1, \quad r=n-k \geqslant mt, \quad d_{\min} \geqslant d_0 = 2t+1 \tag{5.9}$$

式中，k 为原码长度，$n=2^m-1$ 为编码后的码长。

BCH 码的译码可通过求解行列式而得到，但运算复杂度极高，不适合工程应用。用基于二进制移位的方法对 BCH 码进行译码处理，具有算法简单、易于硬件实现的优点，非常适合在各种工程中应用，其中的波利坎普迭代译码算法则被公认是经典的 BCH 实用译码算法[74-77]。

波利坎普迭代译码算法（BCH Decoding with Bösch-Peterson Algorithm）是一种用于纠正受损或包含错误的二元 BCH（Bose-Chaudhuri-Hocquenghem）码的译码算法。这种算法旨在通过多次迭代，逐渐提高纠错能力，直到成功纠正尽可能多的错误。以下是波利坎普迭代译码算法的设计原理和步骤。

（1）BCH 编码。首先，原始数据经过 BCH 编码，生成带有冗余校验位的编码数据。这些校验位用于检测和纠正接收端接收到的数据中的错误。

（2）错误检测。在接收端，接收到的编码数据可能包含错误编码。波利坎普迭代译码算法的第一步是检测错误是否存在。通常，BCH 码具有内置的错误检测能力，可以确定接收到的数据中是否存在错误。

（3）错误定位。如果检测到错误，接下来需要确定错误的位置。这通常涉及使用 BCH 码的校验位来定位错误的位置，以便进行进一步的纠正。

（4）第一轮译码。在第一轮译码中，使用检测到的错误位置信息尝试纠正错误。通常，BCH 码可以通过纠正一定数量的错误位来修复数据。

（5）错误检测（再次）。经过第一轮译码后，需要再次进行错误检测，以确定是否还存在未纠正的错误。

（6）迭代译码。如果第一轮译码未能纠正所有错误，波利坎普迭代译码算法将进入迭代阶段。在每一轮迭代中，错误定位和纠正的过程将重复，以逐渐提高纠错能力。

（7）迭代终止条件。迭代将持续，直到达到指定的迭代次数或没有进一步的错误可以被纠正为止。此时，得到的数据将被视为最佳估计数据。

波利坎普迭代译码算法的关键在于多次迭代，每次迭代都试图纠正更多的错误，从而提高整体的纠错性能。这种算法特别适用于 BCH 码等纠错码的应用，其中多次迭代可以帮助在高噪声环境中有效地纠正多个错误位。算法的性能通常与所选的迭代次数以及错误模式的性质有关。

下面主要以 BCH 码 (82, 61, 3) 为例, 介绍便于 FPGA 实现的波利坎普迭代译码算法设计。

5.3.1 BCH 译码的流程

BCH 码的性质使得它非常适合在传输和通信中用于纠错,特别是在信号处理中,如搜救信号。BCH 译码在搜救信号处理中的应用旨在从受损的信号中还原出原始数据,以便进行进一步的搜救操作。这个过程结合了 BCH 编码的原理和纠错能力,确保即使在恶劣的条件下,仍然能够有效地处理和还原搜救信号。

搜救信号中的 BCH 译码是对 144bit 的曼彻斯特解码结果截取出需要的 82bit 和 38bit 数据,作为本原 BCH 码 (127,106) 和本原 BCH 码 (63,51) 的截断码,分别进行 (82,61) 译码和 (38,26) 译码,具体的 BCH 译码处理流程如图 5.7 所示。

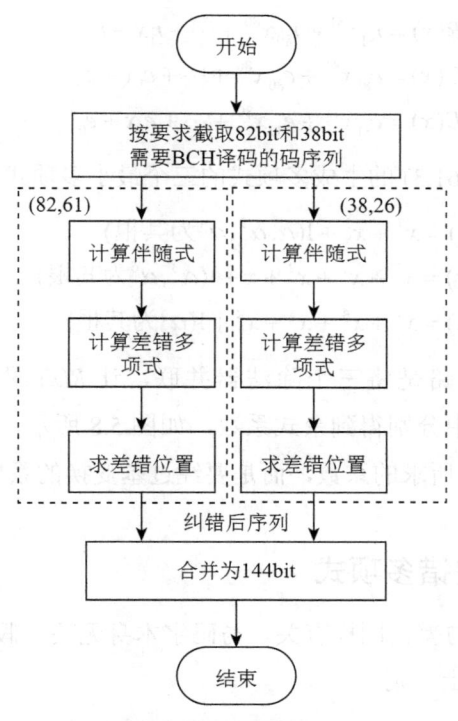

图 5.7 BCH 译码的流程

译码过程可分为三个步骤。

（1）根据接收多项式 $R(x)$ 计算伴随多项式 $S(x)$。

（2）利用迭代算法从伴随多项式 $S(x)$ 计算出差错位置多项式 $\sigma(x)$。

（3）根据差错位置多项式 $\sigma(x)$ 求出差错位置，即纠错。

这三个步骤将在后文进行详细阐述。

5.3.2 计算伴随式

接收多项式 $R(x)$ 是码字 $C(x)$ 多项式与差错多项式 $E(x)$ 之和，即

$$R(x) = C(x) + E(x) \tag{5.10}$$

因为 BCH 码 (82,61,3) 可以看作本原 BCH 码 (127,106,3) 的截断码，二者使用同一个生成多项式。式 (5.10) 中的 $R(x)$，$C(x)$，$E(x)$ 可以表示为

$$\begin{aligned} R(x) &= r_{81}x^{81} + r_{80}x^{80} + \cdots + r_1 x + r_0 \\ C(x) &= c_{81}x^{81} + c_{80}x^{80} + \cdots + c_1 x + c_0 \\ E(x) &= e_{81}x^{81} + e_{80}x^{80} + \cdots + e_1 x + e_0 \end{aligned} \tag{5.11}$$

构成 BCH 码 (82,61,3) 的生成多项式的三个最小多项式 $\phi_1(x)$，$\phi_2(x)$，$\phi_3(x)$ 为

$$\begin{aligned} \phi_1(x) &= x^7 + x^3 + 1 (\alpha, \alpha^2, \alpha^4 \text{为其根}) \\ \phi_2(x) &= x^7 + x^3 + x^2 + x + 1 (\alpha^3, \alpha^6 \text{为其根}) \\ \phi_3(x) &= x^7 + x^4 + x^3 + x^2 + 1 (\alpha^5 \text{为其根}) \end{aligned} \tag{5.12}$$

伴随式的实现电路是将三个除法器并联，让 $R(x)$ 同时除以 $\phi_1(x)$，$\phi_2(x)$，$\phi_3(x)$，在三个除法器中分别得到余式系数，如图 5.8 所示，此时后两个除法电路中的值 S_3 和 S_5 并不是所求的系数，而是要经过基变换的系数。

5.3.3 计算差错多项式

实际上伴随式仅与差错图样有关，与码字本身无关。假设发生 3 个错误，位置分别在 j_1，j_2，j_3 位上，则

$$E(x) = x^{j_1} + x^{j_2} + x^{j_3} \tag{5.13}$$

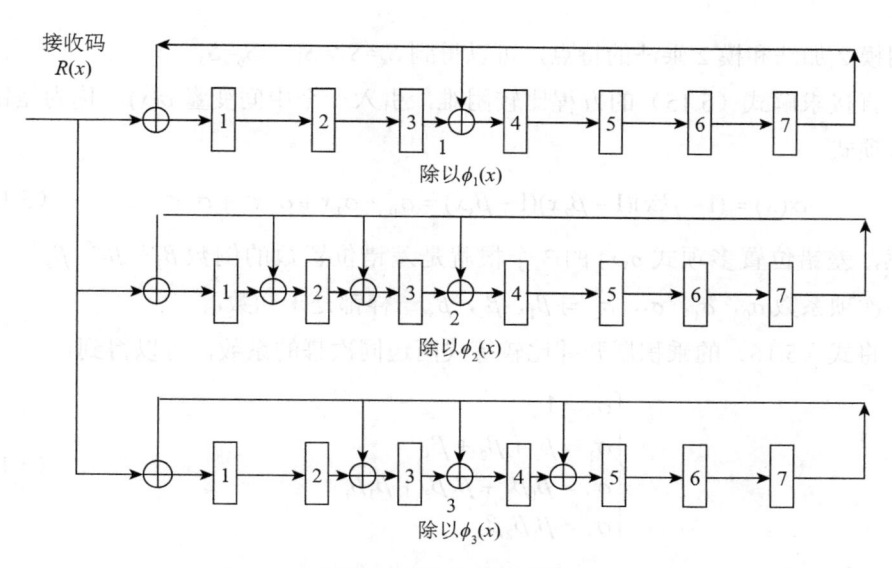

图 5.8 伴随式实现电路

这里，$0 \leqslant j_1 \leqslant j_2 \leqslant j_3 \leqslant 81$。由于 BCH(82，61，3) 最多能纠正 3 个错误位置，所以有 6 个伴随多项式。

$$\begin{cases} S_1(x) = \alpha^{j_1} + \alpha^{j_2} + \alpha^{j_3} \\ S_2(x) = \alpha^{2j_1} + \alpha^{2j_2} + \alpha^{2j_3} \\ S_3(x) = \alpha^{3j_1} + \alpha^{3j_2} + \alpha^{3j_3} \\ S_4(x) = \alpha^{4j_1} + \alpha^{4j_2} + \alpha^{4j_3} \\ S_5(x) = \alpha^{5j_1} + \alpha^{5j_2} + \alpha^{5j_3} \\ S_6(x) = \alpha^{6j_1} + \alpha^{6j_2} + \alpha^{6j_3} \end{cases} \quad (5.14)$$

为方便起见，令 $\alpha^{j_1}=\beta_1$，$\alpha^{j_2}=\beta_2$，$\alpha^{j_3}=\beta_3$，称 $\beta_l(l=1，2，3)$ 为错误位置数，将其带入式（5.14）可得

$$\begin{cases} S_1(x) = \beta_1 + \beta_2 + \beta_3 \\ S_2(x) = \beta_1^2 + \beta_2^2 + \beta_3^2 \\ S_3(x) = \beta_1^3 + \beta_2^3 + \beta_3^3 \\ S_4(x) = \beta_1^4 + \beta_2^4 + \beta_3^4 \\ S_5(x) = \beta_1^5 + \beta_2^5 + \beta_3^5 \\ S_6(x) = \beta_1^6 + \beta_2^6 + \beta_3^6 \end{cases} \quad (5.15)$$

利用模 2 加法和模 2 乘法的特点，可以得到 $S_4=S_2^2=S_1^4$，$S_6=S_3^2$。

直接求解式（5.15）的方程比较困难，引入一个中间变量 $\sigma(x)$，称为差错位置多项式。

$$\sigma(x) = (1-\beta_1 x)(1-\beta_2 x)(1-\beta_3 x) = \sigma_0 + \sigma_1 x + \sigma_2 x^2 + \sigma_3 x^3 \tag{5.16}$$

显然，差错位置多项式 $\sigma(x)$ 的 3 个根就是差错位置数的倒数 β_1^{-1}，β_2^{-1}，β_3^{-1}。$\sigma(x)$ 的各次项系数 σ_0，σ_1，σ_2，σ_3 与 β_1，β_2，β_3 一样都是未知数。

将式（5.16）的乘积展开并比较等式两边同次幂的系数，可以得到

$$\begin{cases} \sigma_0 = 1 \\ \sigma_1 = \beta_1 + \beta_2 + \beta_3 \\ \sigma_2 = \beta_1\beta_2 + \beta_2\beta_3 + \beta_3\beta_1 \\ \sigma_3 = \beta_1\beta_2\beta_3 \end{cases} \tag{5.17}$$

结合式（5.15）和式（5.17），可以找到 σ_i 和 S_i 的关系如下：

$$\begin{cases} S_1 = \sigma_1 \\ S_2 + \sigma_1 S_1 + 2\sigma_2 = 0 \\ S_3 + \sigma_1 S_2 + \sigma_2 S_1 + 3\sigma_3 = 0 \\ S_4 + \sigma_1 S_3 + \sigma_2 S_2 + \sigma_3 S_1 = 0 \\ S_5 + \sigma_1 S_4 + \sigma_2 S_3 + \sigma_3 S_2 = 0 \\ S_6 + \sigma_1 S_5 + \sigma_2 S_4 + \sigma_3 S_3 = 0 \end{cases} \tag{5.18}$$

对式（5.18）进行化简，可以得到差错位置控制多项式的系数如式（5.19）所示。

$$\begin{cases} \sigma_1 = S_1 \\ \sigma_2 = \dfrac{S_5 + S_1^2 \cdot S_3}{S_1^3 + S_3} = \dfrac{S_5 + S_2 \cdot S_3}{S_1^3 + S_3} \\ \sigma_3 = \sigma_2 \cdot S_1 + S_1^3 + S_3 = \dfrac{S_1^6 + S_3^2 + S_1 \cdot S_5 + S_1^3 \cdot S_3}{S_1^3 + S_3} \\ = \dfrac{S_2 \cdot S_4 + S_3^2 + S_1 \cdot S_5 + S_1 \cdot S_2 \cdot S_3}{S_1^3 + S_3} \end{cases} \tag{5.19}$$

式（5.18）与式（5.19）称为牛顿恒等式。如果 S_i 已知，差错个数 v 已知，那么利用 v 个方程可以解出 v 个未知数：由第一个方程求出 σ_1，再由第二个方

程求出 σ_2，直到由第 v 个方程解出 σ_v。但是在实际问题中事先不知道差错数 v，如果假设 $v=t$ 而实际差错数小于 t，那么牛顿恒等式虽然仍然有解，但可以有多解，只是不知道哪个是使多项式有最低次方的解。于是在实际中是利用伴随式，通过判断计算出来的 σ_1，σ_2，σ_3 是否为 0 来得到差错个数。若 σ_1，σ_2，σ_3 全为 0，则说明实际不存在误码；如果 σ_2，σ_3 为 0 而 σ_1 非 0，则说明实际存在 1 个误码；若 σ_3 为 0 而 σ_1，σ_2 非 0，则说明实际存在 2 个误码；若 σ_1，σ_2，σ_3 全部非 0，则说明存在 3 个误码。最后查找到的误码个数与此计算得出的实际个数比较，以验证译码的正确性。

根据 $\alpha^7+\alpha^3+1=0$，可以将 $1=\alpha^0$，α^1，α^2，$\cdots$，α^{126}（127 个不同幂次）都用 1，α^1，α^2，$\cdots$，α^6（共 7bit 去掉全 0 刚好 127 种组合）组成的多项式表示，做成 $GF(2^7)$ 上的元素查找表，表 5.2 列出了一部分元素。在做求 σ_2 的除法时，通过查表将分子分母都用 $1=\alpha^0$，α^1，α^2，$\cdots$，α^{126} 表示，这样多项式的除法就变成了分子分母幂次方的减法，得到的商的幂次后再查表，就可以得到相应的多项式表达式，从而实现快速 BCH 译码。

表 5.2　以 $\phi_1(x)=x^7+x^3+1$ 为本原多项式、$GF(2^7)$ 上的元素对应表

$GF(2^7)$ 元素	1	α^1	α^2	α^3	α^4	α^5	α^6
七重二进制表示	0000001	0000010	0000100	0001000	0010000	0100000	1000000
$GF(2^7)$ 元素	α^7	α^8	α^9	α^{10}	α^{11}	α^{12}	α^{13}
七重二进制表示	0001001	0010010	0100100	1001000	0011001	0110010	1100100
$GF(2^7)$ 元素	...	...	...	...	...	...	...
七重二进制表示	...	...	...	...	...	...	...
$GF(2^7)$ 元素	α^{120}	α^{121}	α^{122}	α^{123}	α^{124}	α^{125}	α^{126}
七重二进制表示	1001101	0010011	0100110	1001100	0010001	0100010	1000100

5.3.4　求差错位置

多项式 $\sigma(x)$ 的根的倒数即差错位置数，在上一节中解出 $\sigma(x)$ 后，只要将所有可能的根 α^0，α^1，α^2，$\cdots$，α^{81} 逐一代入多项式 $\sigma(x)$ 中验证，判断是否能够使多项式 $\sigma(x)$ 为 0，从而得到差错位置数。利用钱（Chien）搜索，从高位开始逐位校验、逐位输出。

设接收码字 $R(x)=r_{81}x^{81}+r_{80}x^{80}+\cdots+r_1x+r_0$，为了判断最高位是否存在错误，把 α^{81} 的倒数 $\alpha^{-81}=\alpha^{127-81}=\alpha^{46}$ 代入式（5.19）所示的 $\sigma(x)$ 中，如果

$$\sigma(\alpha^{46})=1+\sigma_1\alpha^{46}+\sigma_2(\alpha^{46})^2+\sigma_3(\alpha^{46})^3=0 \quad (5.20)$$

说明 α^{-81} 是 $\sigma(x)$ 的根，即 r_{81} 有错；否则，说明 r_{81} 无错。

同理，检验次高位 α^{80} 的倒数 $\alpha^{-80}=\alpha^{47}$ 是否是 $\sigma(x)$ 的根，如果

$$1+\sigma_1\alpha^{47}+\sigma_2(\alpha^{47})^2+\sigma_3(\alpha^{47})^3=0 \quad (5.21)$$

说明 r_{80} 有错；否则，说明 r_{80} 无错。

依次类推，要判断 r_{82-l} 是否有错，只要检验

$$\sigma(\alpha^{45+l})=1+\sigma_1\alpha^{45+l}+\sigma_2(\alpha^{45+l})^2+\sigma_3(\alpha^{45+l})^3=0 \quad (5.22)$$

是否成立即可。

在电路中判断一个多项式是否为 0，用最小多项式 $\phi_1(x)$ 做除法，若除法运算后的余式为 0，说明该多项式为 0；否则不为 0。

钱搜索电路如图 5.9 所示。图中 $\boxed{\sigma_i} \to \bigcirc \alpha^i$ 表示 $\sigma_i \cdot (\alpha^i)^l$ 累乘器。

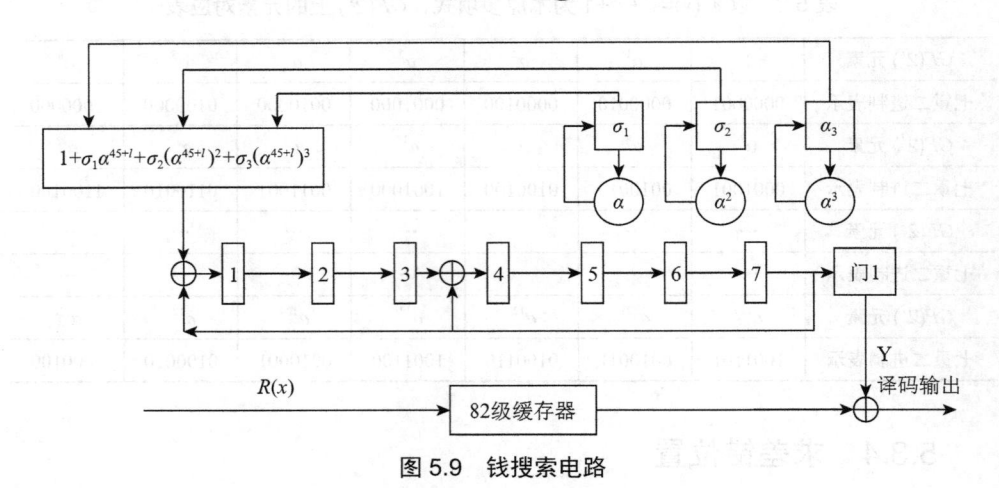

图 5.9 钱搜索电路

钱搜索的工作过程可简述如下：

（1）初始状态：3 个寄存器存放 $\sigma(x)$ 的系数；

（2）3 个累乘器每步运算一次，将结果放回寄存器，因此第 i 个寄存器第 1 步、第 2 步……第 l 步的内容分别是 $\sigma_i \cdot \alpha^i, \sigma_i \cdot (\alpha^i)^2, \cdots, \sigma_i \cdot (\alpha^i)^l$；

（3）用除法器判断差错多项式是否为 0，每次校验结束时门 1 接通，根据 7 个寄存器的结果判断余式是否为 0，输出纠错控制信号 Y，若 Y=1 表示余式为 0，则需要纠错，若 Y=0 表示余式非 0，则不需要纠错。

在 BCH 译码过程中，降低误码率表现为：以 BCH 码 (127,106) 为例，当传输造成信息位和 BCH 冗余总误码个数 t 不大于 3 时，译码后能够输出纠错后的正确码序列；否则直接输出未经过纠错的码序列。这说明，在载噪比低造成高误码率时，BCH 编码作用并不大，但是当载噪比较高误码率低时通过 BCH 编译码可以将误码率降为 0。

5.4 载噪比估计算法设计

载噪比估计算法（SNR Estimation Algorithm）是一种用于测量信号与噪声之间相对强度的算法。其目的是确定信号的质量和可靠性，以优化信号处理和决策制定。SNR 估计为提高信号质量、降低误码率、改善数据可靠性和适应不断变化的环境条件提供了重要支持。

5.4.1 算法原理

由于接收信号中存在 160ms 的纯载波，所以对信号的载噪比估计可以转化为对 160ms 纯载波的载噪比估计。对于信号载噪比估计，有多种方法可以使用，其中极大似然估计方法有算法原理简单、对低载噪比估计精度高、占用资源少的特点，因此决定采用极大似然估计方法估计信号的载噪比，这里首先介绍算法的原理。

首先将接收到的 160ms 纯载波信号写成信号和噪声之和的形式，即

$$r_k = \sqrt{S}m_k + \sqrt{N}z_k \tag{5.23}$$

式中，m_k 为复载波信号，z_k 为零均值复高斯白噪声，S 为信号功率，N 为噪声功率。

式（5.23）中，由于信号为复数，将信号分为实部、虚部来考虑，即

$$r_k = r_{I_k} + r_{Q_k} = \sqrt{S}(m_{I_k} + jm_{Q_k}) + \sqrt{N}(z_{I_k} + jz_{Q_k}) \tag{5.24}$$

那么信号的实部和虚部可写为

$$\begin{cases} r_{I_k} = \sqrt{S}m_{I_k} + \sqrt{N}z_{I_k} \\ r_{Q_k} = \sqrt{S}m_{Q_k} + \sqrt{N}z_{Q_k} \end{cases} \tag{5.25}$$

下面用 $\gamma_{I_k} = \sqrt{N}z_{I_k}$，$\gamma_{Q_k} = \sqrt{N}z_{Q_k}$ 来表示相互独立的噪声同相分量和正交分量，因为它们的均值为零、方差为 $N/2$，所以它们的联合概率密度函数可表示为

$$f(\gamma_{I_k}, \gamma_{Q_k}) = \frac{1}{\pi N} e^{-(\gamma_{I_k}^2 + \gamma_{Q_k}^2)/N} \tag{5.26}$$

由式（5.25）和式（5.26）可得，接收信号的同相分量和正交分量的联合概率密度函数为

$$f(r_{I_k}, r_{Q_k} | S, N) = \frac{1}{\pi N} \exp\left\{ -\left[\frac{(r_{I_k} - \sqrt{S}m_{I_k})^2 + (r_{Q_k} - \sqrt{S}m_{Q_k})^2}{N} \right] \right\} \tag{5.27}$$

因此，对接收信号采样后，其样本值的联合概率密度函数可表示为

$$\begin{aligned} &f(r_I, r_Q | S, N) \\ &= \prod_{k=0}^{K-1} f(r_{I_k}, r_{Q_k} | S, N) \\ &= (\pi N)^{-K} \exp\left\{ -\frac{1}{N} \left[\sum_{k=0}^{K-1} (r_{I_k} - \sqrt{S}m_{I_k})^2 + \sum_{k=0}^{K-1} (r_{Q_k} - \sqrt{S}m_{Q_k})^2 \right] \right\} \end{aligned} \tag{5.28}$$

式中，K 为接收信号的采样点数；$r_I = \{r_{I_0}, r_{I_1}, \cdots, r_{I_{K-1}}\}$，$r_Q = \{r_{Q_0}, r_{Q_1}, \cdots, r_{Q_{K-1}}\}$。

由式（5.28）可得，似然函数 $\Gamma(S, N)$ 为

$$\begin{aligned} \Gamma(S, N) &= \ln f(r_I, r_Q | S, N) \\ &= -K \ln(\pi N) - \frac{1}{N} \left[\sum_{k=0}^{K-1} (r_{I_k} - \sqrt{S}m_{I_k})^2 + \sum_{k=0}^{K-1} (r_{Q_k} - \sqrt{S}m_{Q_k})^2 \right] \end{aligned} \tag{5.29}$$

根据上式，可计算得到信号功率和噪声功率的估计值 $\hat{S}_{ML}$ 和 $\hat{N}_{ML}$，即

$$\left. \frac{\partial}{\partial S} \Gamma(S, N) \right|_{\substack{S = \hat{S}_{ML} \\ N = \hat{N}_{ML}}} = 0 \tag{5.30}$$

$$\left.\frac{\partial}{\partial N}\Gamma(S,N)\right|_{\substack{S=\hat{S}_{ML}\\N=\hat{N}_{ML}}}=0 \tag{5.31}$$

求解后，可得

$$\hat{S}_{ML}=\left[\frac{\frac{1}{K}\sum_{k=0}^{K-1}(r_{I_k}m_{I_k}+r_{Q_k}m_{Q_k})}{\frac{1}{K}\sum_{k=0}^{K-1}[(m_{I_k})^2+(m_{Q_k})^2]}\right]^2 \tag{5.32}$$

$$\hat{N}_{ML}=\frac{1}{K}\sum_{k=0}^{K-1}(r_{I_k}^2+r_{Q_k}^2)-\hat{S}\frac{1}{K}[(m_{I_k})^2+(m_{Q_k})^2] \tag{5.33}$$

从而，可得到信噪比的最大似然估计为

$$\widehat{SNR}_{ML}=\frac{\hat{S}_{ML}}{\hat{N}_{ML}}=\frac{N_{ss}^2\left[\frac{1}{K}\sum_{k=0}^{K-1}\mathrm{Re}\{r_k^*m_k\}\right]^2}{\frac{1}{K}\sum_{k=0}^{K-1}|r_k|^2-N_{ss}\left[\frac{1}{K}\sum_{k=0}^{K-1}\mathrm{Re}\{r_k^*m_k\}\right]^2} \tag{5.34}$$

式中，$\mathrm{Re}\{\bullet\}$ 表示取实部；$1/N_{ss}=E\left\{\frac{1}{K}\sum_{k=0}^{K-1}[(m_{I_k})^2+(m_{Q_k})^2]\right\}$。

5.4.2 参数选择

（1）影响载噪比估计精度的因素。

影响载噪比（SNR）估计精度的因素有很多，包括信号质量、噪声的类型、信号的频谱特性、噪声的功率级别和噪声的自相关性，需要进行综合考虑。在实际应用中，需要综合权衡这些因素，选择适当的估计方法和参数配置，以满足特定需求和约束条件，从而实现准确的 SNR 估计。

在上述的载噪比估计方法中认为已知复载波信号 m_k，然而，在实际应用中，我们无法获得 m_k 的真值，只能对其进行估计，因此，m_k 的估计会影响载噪比估计的精度。m_k 的估计取决于其频率和相位参数的估计，本节通过分析 m_k 的频率和相位估计结果对载噪比估计的影响，确定这两个参数的搜索范围，在该搜索范围内选取似然函数的最大值得到载噪比的估计。

假设接收信号的载噪比为34.8dBHz、频率为–1Hz、采样率为200kHz、长度为160ms。其中，频率的搜索范围为载频左右 ±1Hz，搜索间隔为0.05Hz；相位的搜索范围为 –πrad ~ πrad，搜索间隔为π/20rad。对于不同的频率和相位值，仿真1000次，得到载噪比估计结果的统计性能如图5.10和图5.11所示。其中，在图5.10中，横坐标表示频率取值相对于载频真值的偏差，在图5.11中，横坐标表示相位取值相对于相位真值的偏差。

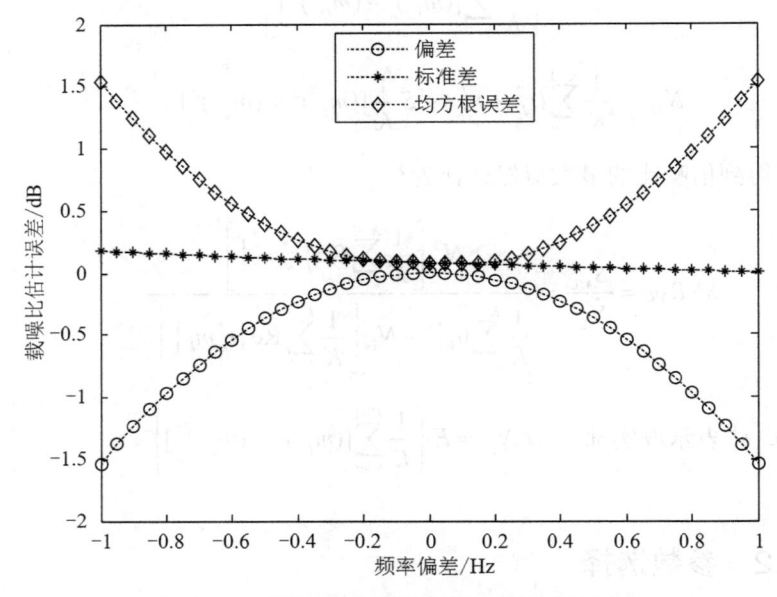

图 5.10　频率偏差对载噪比估计结果的影响

由图5.10可见，随着频率偏差的增大，载噪比估计误差随之增加。由图5.11可见，在相位偏差为0和π附近时，载噪比估计误差较小；当相位偏差在 ±π/2 附近时，载噪比估计误差达到最大。比较图5.10和图5.11可知，频率偏差对估计结果的影响相对较小，相位偏差对估计结果影响更大。

载噪比估计在基于位帧同步的信号检测与参数初估计之后完成，因此，根据前面的频率估计结果，载波频率的搜索范围应包括所有可能的剩余频率偏差；对载波相位搜索时，因为之前的算法不包括相位估计，所以，从仿真结果可知，需在 –π/2rad ~ π/2rad 的范围对相位进行搜索。

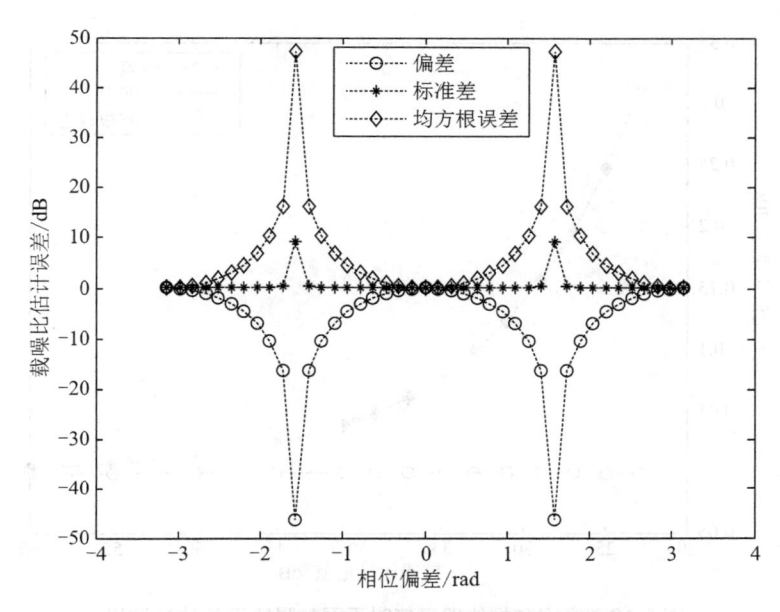

第 5 章　解调解码与载噪比估计算法及实现

图 5.11　相位偏差对载噪比估计结果的影响

（2）搜索步长的选择。

选择适当的搜索步长对于各种优化和搜索算法至关重要，因为搜索步长直接影响算法的性能和收敛速度。搜索步长是指在搜索空间中每一步移动的距离或增量大小，需要根据具体问题和算法的要求来进行权衡和调整。适当选择搜索步长有助于提高算法的效率和性能，从而更快地找到最优解或接近最优解。

在确定频率偏差和相位偏差的搜索范围后，可以通过仿真确定载噪比估计的搜索步长。由图 5.11 可知，相位偏差对估计结果影响更大，所以相位搜索的步长应该选取较小值。

接收信号的选择同上，载噪比在 23～60dBHz 范围取值，频率偏差的搜索范围为载频左右 ±1Hz，搜索间隔为 0.05Hz；相位的搜索范围为 $-\pi/2\text{rad}$～$\pi/2\text{rad}$，搜索间隔为 $\pi/40\text{rad}$，对于不同的载噪比各仿真 1000 次，得到载噪比估计的统计结果如图 5.12～5.14 所示。

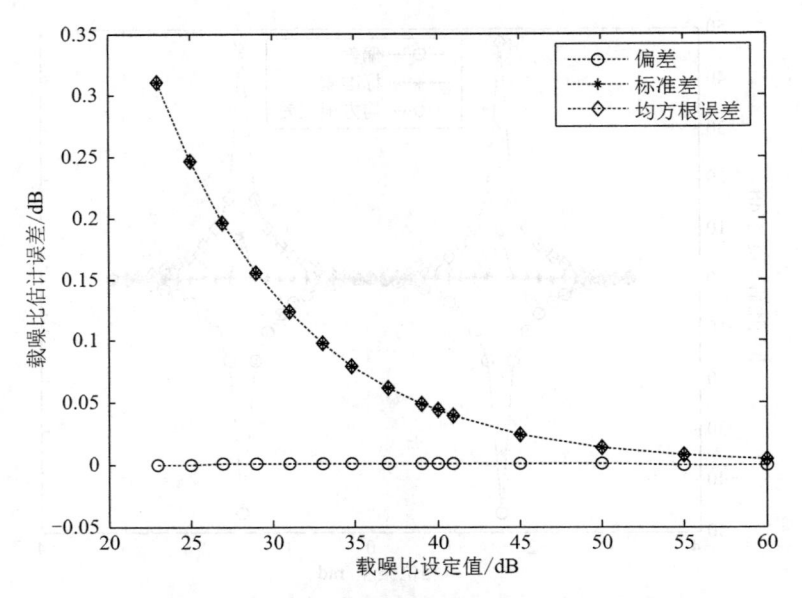

图 5.12 频率和相位取真值时不同载噪比下的估计结果

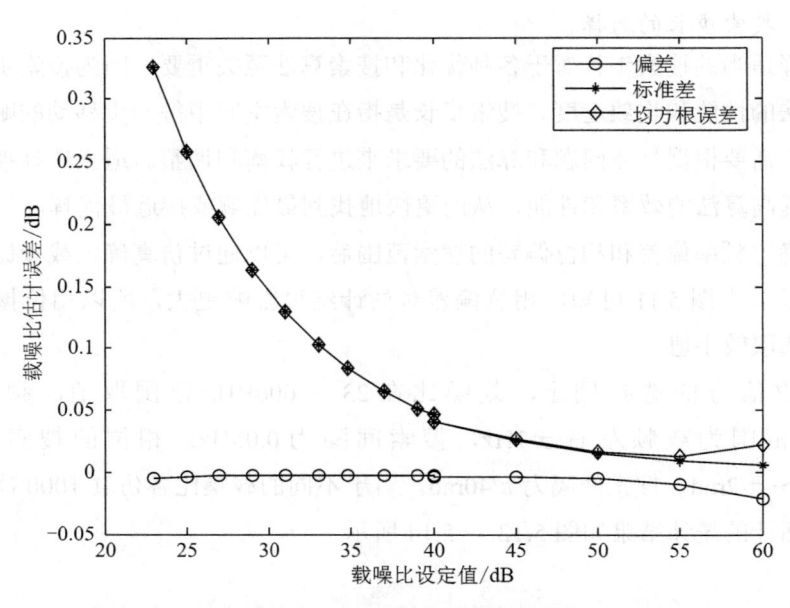

图 5.13 频率偏差为 −0.05Hz 时不同载噪比下的估计结果

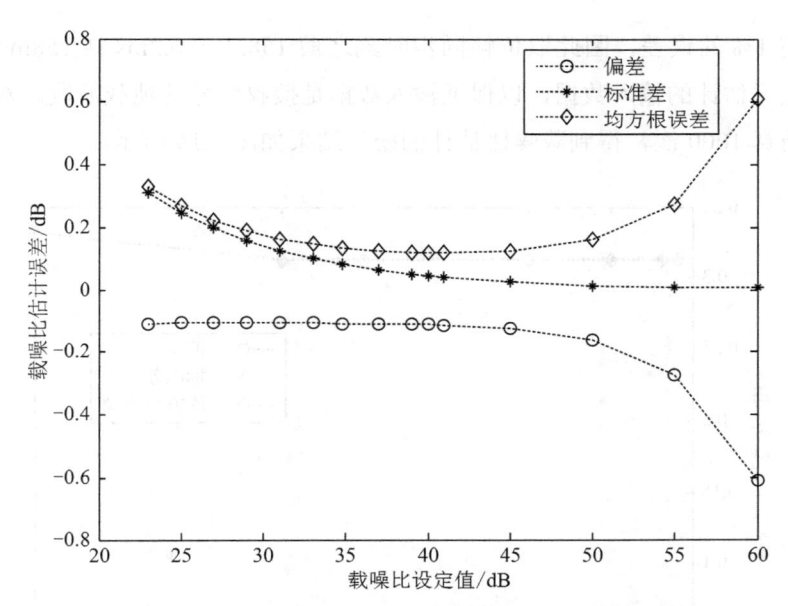

图 5.14 相位偏差为 $-\pi/40$ rad 时不同载噪比下的估计结果

由图 5.12 可见，随着载噪比的增大，载噪比估计误差逐渐减小，当载噪比为 34.8dBHz 时，均方根误差小于 0.1dB。图 5.13 和图 5.14 分别描述了频率偏差为 -0.05Hz（相位无偏差）、相位偏差为 $-\pi/40$rad（频率无偏差）时，载噪比估计误差的变化情况。由图 5.13 和图 5.14 可知，在这两种情况下，随着载噪比的增大，载噪比估计偏差和均方根误差先逐渐减小再逐渐变大，标准差逐渐减小；在设定载噪比为 34.8dBHz 时，频率偏差 -0.05Hz 对应的均方根误差小于 0.1dB，相位偏差 $-\pi/40$rad 对应的均方根误差约为 0.2dB，能够满足最终估计精度小于 0.5dBHz 的要求。

（3）抽取因子确定。

考虑到采样率和信号频率的关系，可采用降低采样率的方法以减少运算量，通过仿真确定抽取因子和载噪比估计误差的关系。

假设接收信号为基带单信标信号，多普勒频率为 26kHz，其变化率为 0.7Hz/s，载噪比为 34.8dBHz，采样率为 200kHz。在信号预检测与参数预估计、信号检测与参数初估计处理之后，使用经下变频和低通滤波后的信号作为载噪比估计的输入数据，考虑到位帧同步起始时刻的估计误差不大于 100μs，160ms 的载波段长度可能有 1% 的误差，因此取位帧同步时刻之前 158.2～0.2ms 共 158ms 的数据作为载噪比估计的输入数据，以保证输入数据是接收信号的纯载波段。对不同抽取因子仿真 1000 次，得到载噪比估计的统计结果如图 5.15 所示。

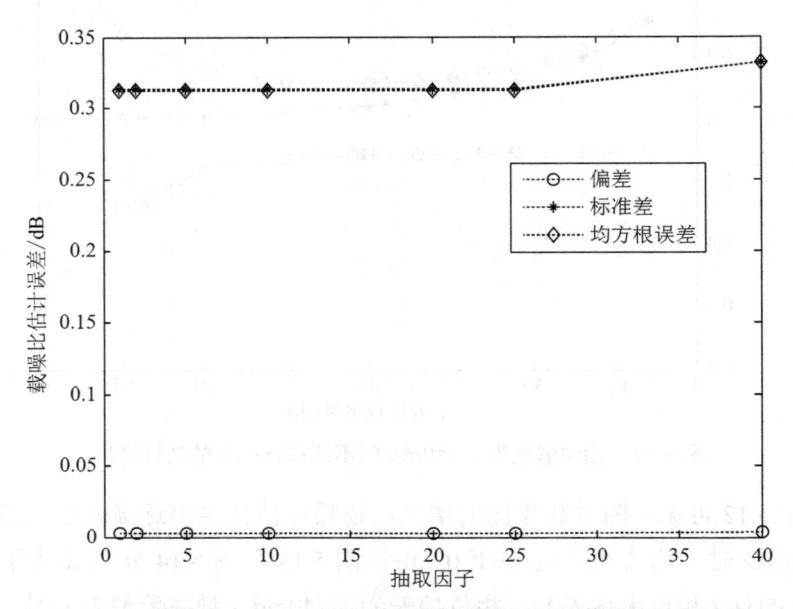

图 5.15　载噪比为 34.8dBHz 时不同抽取因子下的载噪比估计结果

由图 5.15 可知，抽取因子不超过 25 时，随着抽取因子的增大（采样率的降低），载噪比估计误差基本保持不变；抽取因子超过 25 时，载噪比估计误差略有增加，故选择抽取因子为 25，即 8kHz 采样率实现载噪比估计。

5.5　解调解码与载噪比估计算法性能仿真验证

在 5.2~5.4 节对算法详细分析设计的基础上，本节采用 MATLAB 仿真对所设计算法的性能进行验证，并且给出仿真结果。

5.5.1 误码率统计结果

误码率（Bit Error Rate，BER）是用来衡量数字通信系统中传输的比特流中出现错误比特的比例。它通常以百分比或分数的形式表示，用来评估通信系统的性能和可靠性。误码率的目标通常是将其保持在很低的水平，以确保通信系统的可靠性。在数字通信系统的设计中，参数的选择对于实现低误码率非常重要。

参数选择：载波锁相环和位同步环都使用二阶滤波器，锁相环路的更新时间为 10ms，取位同步环的更新时间为 5ms，在载噪比为 34.8dBHz 的情况下，通过 MATLAB 仿真比较，确定环路带宽分别为 14Hz 和 4.7Hz。

仿真条件：产生采样率为 200kHz、码速率为 400bps、初始多普勒频率为 26kHz、频率变化率为 ±8Hz/s 的长信息信标信号，在不同载噪比的条件下各进行 10000 次仿真，得到 BCH 译码前后的误码率统计结果如图 5.16 所示。

由图 5.16 可知，当载噪比为 34.8dBHz 时，BCH 译码前的误码率小于 5×10^{-4}，BCH 译码后的误码率小于 0.4×10^{-5}，满足误码率小于 5×10^{-5} 的指标要求。

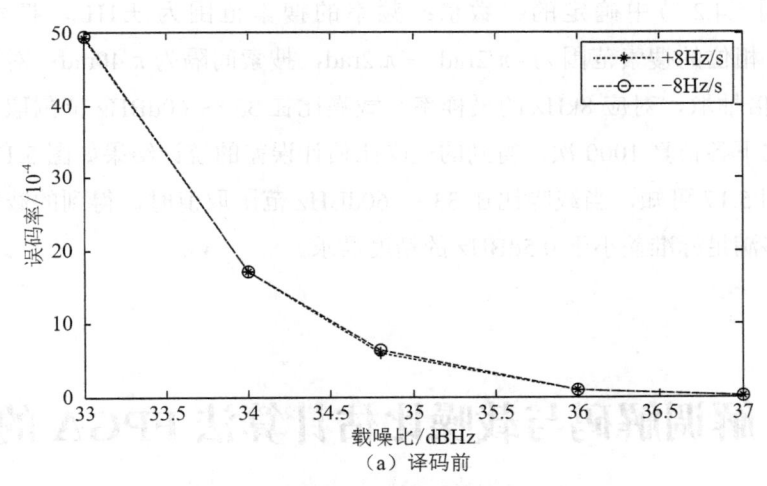

（a）译码前

图 5.16 BCH 译码前后的误码率统计

(b) 译码后

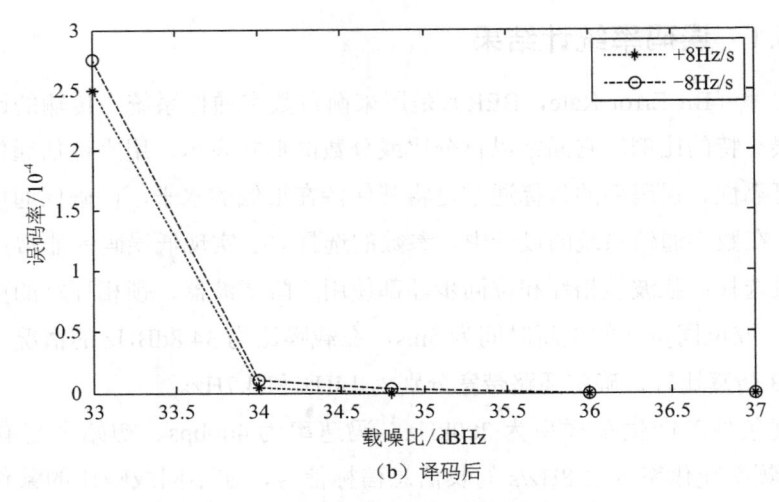

图 5.16　BCH 译码前后的误码率统计（续）

5.5.2　载噪比估计性能

采用 5.4.2 节中确定的参数值：频率的搜索范围为 ±1Hz，搜索间隔为 0.05Hz；相位的搜索范围为 $-\pi/2$rad ～ $\pi/2$rad，搜索间隔为 $\pi/40$rad；对所用数据进行 25 倍抽取，对应 8kHz 的采样率。载噪比在 33 ～ 60dBHz 范围取值，在不同载噪比下各仿真 1000 次，得到的载噪比估计误差的统计结果如图 5.17 所示。

由图 5.17 可知，当载噪比在 33 ～ 60dBHz 范围取值时，得到的载噪比估计精度能够满足标准差小于 0.5dBHz 的精度需求。

5.6　解调解码与载噪比估计算法 FPGA 的实现

本章算法选用 Xilinx 公司的 Virtex-5 系列 xc5vsx50t-2ff1136 作为硬件实现平台，即 FPGA-III。搜救信号解调解码与载噪比估计算法的简单硬件实现框图如图 5.18 所示。

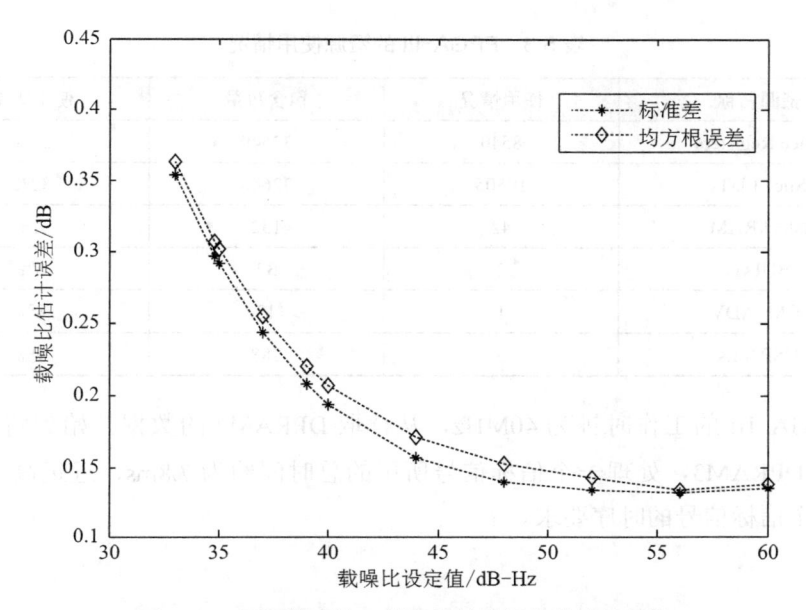

图 5.17 不同载噪比下载噪比估计误差的统计结果

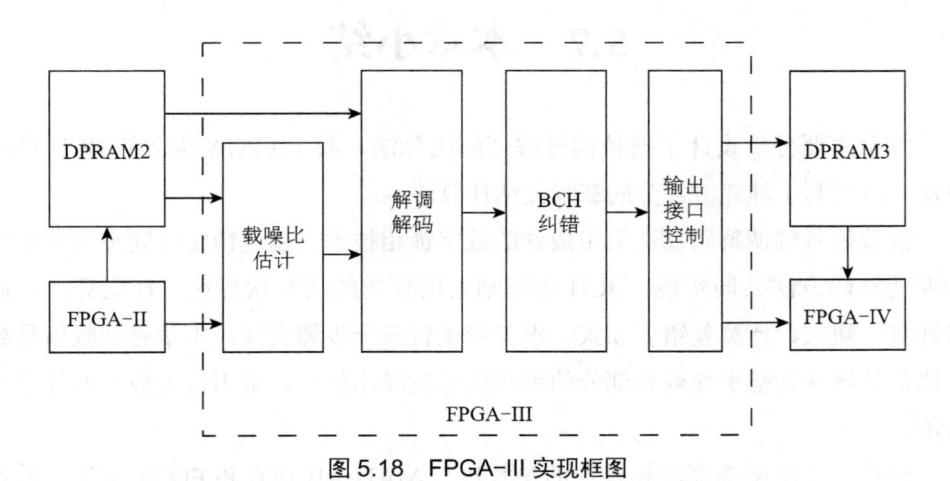

图 5.18 FPGA-III 实现框图

使用 Xilinx ISE 9.2.04i 集成软件进行代码编写和调试，经逻辑综合、实现后得到的资源使用情况如表 5.3 所示。

表 5.3　FPGA-III 的资源使用情况

资源名称	使用情况	包含数量	使用比例
Slice Registers	8540	32640	26%
Slice LUTs	10505	32640	32%
BlockRAM	42	132	31%
BUFGs	2	32	6%
DCM_ADVs	1	12	8%
DSP48Es	5	288	1%

FPGA-III 的工作时钟为 40MHz，从读取 DPRAM2 的数据开始到将处理结果写入 DPRAM3，处理一个信标信号所用的总时间约为 7.8ms，远远高于 1s 内处理 8 个信标信号的时序要求。

5.7　本章小结

本章主要分析设计了搜救信号解调解码算法、易于 FPGA 实现的 BCH 译码算法，以及基于纯载波部分的载噪比估计算法。

搜救信号解调解码算法采用成熟的数字锁相技术、延迟锁定位同步技术和曼彻斯特解码方法共同实现；BCH 译码则采用经典的波利坎普迭代译码算法，通过计算伴随式、计算差错多项式、求差错位置三个步骤实现；本章将搜救信号载噪比估计转换为基于纯载波部分的单频信号载噪比估计，采用极大似然估计方法实现。

最后，采用所选算法和设计的参数进行 MATLAB 仿真和 FPGA 实现，得到算法的统计性能和硬件资源占用情况。仿真和实现结果均满足指标要求。

第6章 FOA 和 TOA 联合极大似然估计算法及实现

第 6 章 FOA 和 TOA 联合极大似然估计算法及实现

6.1 引言

搜救信号经 FPGA-I 和 FPGA-II 处理后，能够得到 FOA、TOA 和数据位宽的较精确估计值，然后 FPGA-III 在此基础上进行解调解码、BCH 纠错得到调制的用户信息。本章将利用上述所有信息复制本地信标信号，在小范围内对频率、时延和数据位宽进行三维搜索，采用联合极大似然估计（ML）方法得到 TOA、FOA 和数据位宽的高精度估计值。

6.2 信号特征参数对估计算法的影响

在前面章节中提到的 FOA 和 TOA 是两个重要的参数，因为它们的估计精度直接决定了整个搜救系统的定位精度。在第 4 章基于位帧同步的信号检测和参数初估计中已得到了这两个参数的初步估计结果，但有关信标信号特征参数变化对 FOA、TOA 参数估计算法的影响还一直未进行讨论。因此，本节将详细介绍信标信号的几个特征参数，然后在分析参数估计算法本质的基础上，说明信标信号特征参数的变化对参数估计算法的影响。

在整个参数估计的过程中，假设接收的单个信标信号中所有的信标信号特征参数都是信标参数允许范围内的某一个值，并且此值在整个信标信号持续期间是保持不变的。

6.2.1 信标信号特征参数

搜救信号的特征参数用于描述信号的各种属性和特点，对于信号的解调和分析至关重要。其中包括数据位宽，即每个数据位的持续时间，它决定了信号的码速率；相位变化斜沿持续时间，描述的是相位变化的时间特性；调制度，表示调制相位值的变化幅度；调制不对称度，用以描述曼彻斯特调制时 1 和 0 所持续时间的不对称程度。这些特征参数帮助确定信号的结构和特性，支持搜救任务的执行。不同类型的搜救信号可能具有不同的特征参数，因此需要使用适当的参数进行分析和解调。

有可能影响极大似然估计算法参数估计结果的信标信号特征参数有四个：数据位宽、相位变化斜沿持续时间、调制度和调制不对称度。

其中，数据位宽是码速率的倒数，标称值为 2.5ms，在此基础上可能存在 ±1% 的变化；相位变化斜沿持续时间则指数据由 0 到 1（或者 1 到 0）的变化过程所持续的时间；调制度是指调制相位值 ±1.1 弧度可能存在的 ±0.1 弧度的变化；调制不对称度是指曼彻斯特调制时 1 和 0 所持续时间的不对称程度。因为数据位宽和调制度的概念比较易于理解，所以参考 COSPAS-SARSAT 406MHz 信标信号定义，下面以图形方式分别说明相位变化斜沿持续时间和调制不对称度这两个参数的定义。

如图 6.1 所示，ϕ_1 和 ϕ_2 分别表示正负相位调制度，其取值范围分别为 [1.0, 1.2] 和 [–1.2, –1.0]（单位：弧度）；τ_R 和 τ_F 分别表示相位由 0 到 1 和由 1 到 0 时上升沿和下降沿的持续时间，它可能的取值范围为 150±100μs；τ_1 和 τ_2 分别表示曼彻斯特调制时 1 和 0 的持续时间，而调制不对称度定义及其取值范围可表示为

$$\frac{|\tau_1 - \tau_2|}{\tau_1 + \tau_2} \leq 0.05。$$

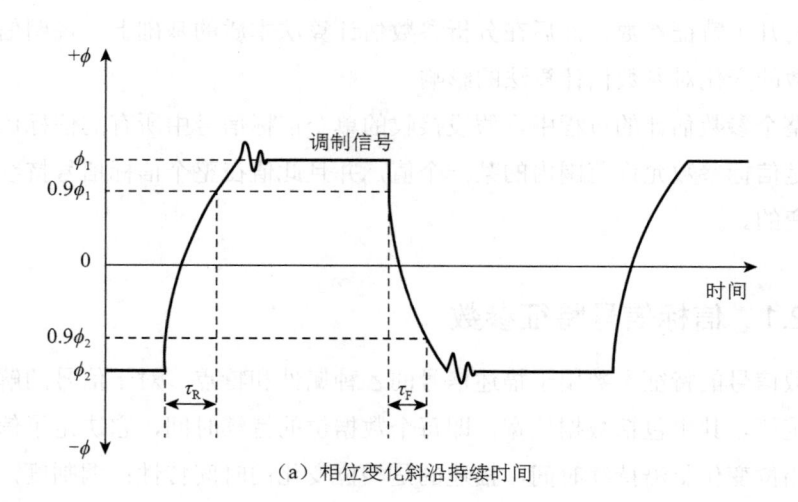

（a）相位变化斜沿持续时间

图 6.1　相位变化斜沿持续时间和调制不对称度的定义

(b) 调制不对称度

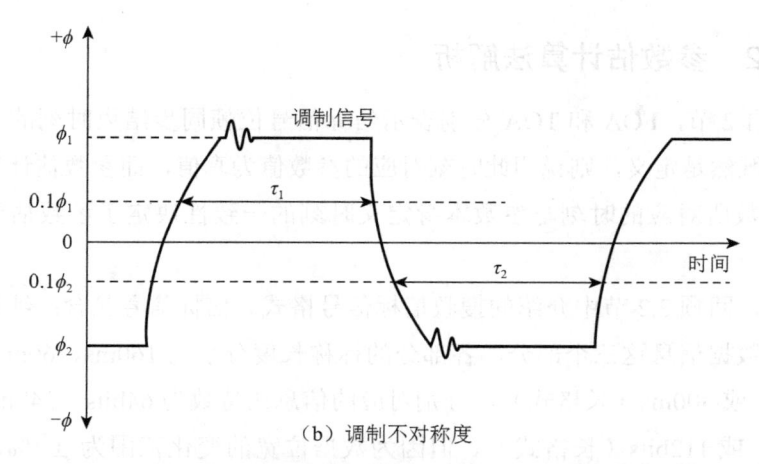

图 6.1 相位变化斜沿持续时间和调制不对称度的定义（续）

为了形象地说明相位变化斜沿持续时间对信标波形的影响，将 0μs 与 250μs 两个相位变化斜沿持续时间下对应的基带信号波形显示在图 6.2 中。图中分别给出信号的实部和虚部，采样率为 200kHz，频率和初始相位都为 0。

(a) 0μs 相位变化斜沿

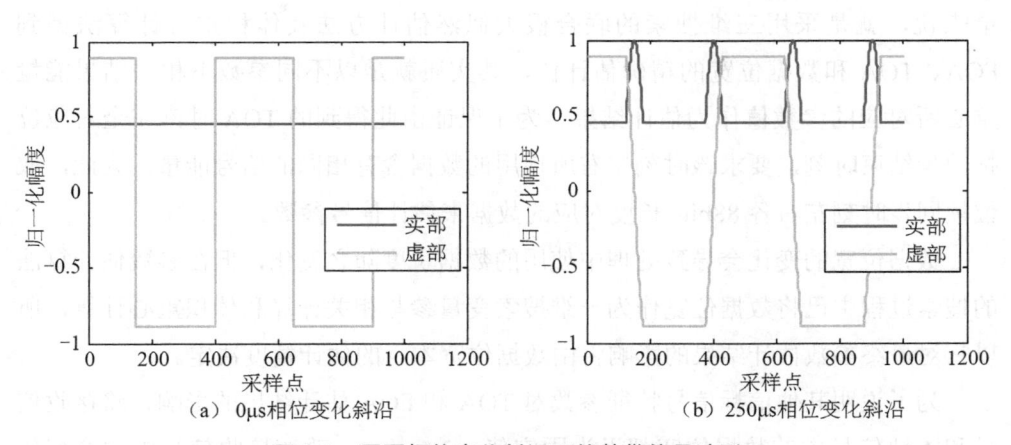

(b) 250μs 相位变化斜沿

图 6.2 不同相位变化斜沿下的基带信号波形

由图 6.2 可知，当相位变化斜沿持续时间不为 0 时，在相位跳变过程中存在信号波形突变。调制度的变化影响的是信号的幅度，而调制不对称度的变化则影响每个数据信息位中相位变化斜沿的发生时刻。

6.2.2 参数估计算法解析

根据 1.2 节，FOA 和 TOA 分别表示信标信号位帧同步结束时刻的载波偏移和时间，既然是定义，则说明此时刻对应的参数值为真值，而参数估计算法计算得到的参数所对应的时刻与参数本身定义时刻的一致性决定了参数估计算法的优劣。

首先，回顾 2.2 节中介绍的搜救信标信号格式。信标信号包含：纯载波、位帧同步和数据信息这三个部分，各部分的标称长度分别为 160ms、60ms、220ms（短格式）或 300ms（长格式），分别对应的信息比特数为 64bits、24bits、88bits（短格式）或 112bits（长格式）。但因为数据位宽的变化范围为 ±1%，所以搜救信号各部分的长度也都会有相应的变化，即搜救信标信号的长度不是固定的。那么，应如何保证信号处理算法计算得到的参数估计值所对应的时刻与参数定义中所对应的时刻一致呢？

2.4.4 节已经从原理上详细阐述了 FOA 和 TOA 的联合 ML 估计方法，简单来说，就是采用三维搜索的联合极大似然估计方法及体积重心计算法得到 FOA、TOA 和数据位宽的精确估计值，其实质就是以不同参数下相关结果能量重心所对应的参数值作为估计结果。为了保证由此得到的 TOA 时刻完全对应位帧同步结束时刻，要求该时刻左右所使用的数据含有相同的信号能量。为此，取位帧同步时刻左右各 88bits 长度对应的数据来估计信号参数。

数据位宽的变化会导致处理中使用的数据长度随之变化，但在参数估计算法的搜索过程中已将数据位宽作为一维搜索变量参与相关计算和体积重心计算，所以它对最终参数估计结果的影响将由数据位宽本身的估计精度决定。

为了说明其他信标信号特征参数对 TOA 和 FOA 估计结果的影响，将接收信号和本地信号中的数据位宽都设为固定值（2.5ms），改变接收信号中相位变化斜沿时间、调制度和调制不对称度的设置值，在接收信号中无噪声情况下观察参数估计的偏差绝对值，结果如表 6.1 所示。

第 6 章　FOA 和 TOA 联合极大似然估计算法及实现

表 6.1　不同特征参数下的 TOA 和 FOA 估计偏差

特征参数		FOA 估计偏差 /Hz	TOA 估计偏差 /μs
调制不对称度	5%	0.000386	24.1357
	0	0.000084	1.0174
	−5%	0.000382	23.5138
调制度	$-\dfrac{0.2}{2.2}$	0.000084	0.9467
	0	0.000084	0.4379
	$\dfrac{0.2}{2.2}$	0.000084	0.7492
线性相位变化斜沿时间	50μs	0.000081	1.6004
	150μs	0.00016	4.7555
	250μs	0.00019	6.3281
二次非线性相位变化斜沿时间	50μs	0.0161	23.6113
	150μs	0.0228	48.0712
	250μs	0.0232	66.0348

由表 6.1 可知，除线性相位变化斜沿时间外，其他参数对 FOA 估计结果的影响都很小，但所有参数对 TOA 估计结果基本都会产生影响。其中，调制度对估计结果的影响较小；调制不对称度对估计结果的影响较大；二次非线性相位变化斜沿时间对估计结果的影响比线性相位变化斜沿时间大（相位变化斜沿时间越长，估计结果误差越大）。

在上面的仿真中，本地信标信号全部使用的是相位陡变沿，所以随着接收信号相位变化斜沿时间的增加，TOA 估计误差逐渐增大。因为要求处理的信标信号相位变化斜沿时间的取值范围为 [50μs, 250μs]，同时考虑到硬件实现的复杂程度，所以暂不考虑二次非线性相位变化斜沿时间的影响，选择线性相位变化斜沿时间 150μs 的信标信号作为本地信号。此时，无噪声情况下的 TOA 估计偏差如表 6.2 所示。由该表可知，相位变化斜沿时间对 TOA 估计结果的影响得到减小。

表 6.2　本地信号跳变沿时间 150μs 时的 TOA 估计偏差

线性跳变沿 /μs	50	150	250
TOA 估计偏差 /μs	2.4363	0.6275	1.2698

因为无法得到与调制不对称度相关的任何先验信息，所以若要在设计中考虑它对参数估计的影响，只有把它也作为一维参数参与极大似然估计，这样就会造成整个算法的计算量大大增加。由于本项目对调制不对称度的影响暂无要求，并且考虑到实现中的计算复杂度，后续分析中暂不考虑调制不对称度的影响。但作为算法的完善和改进，可对此维参数的搜索计算方法进行进一步的分析仿真，找到适合的搜索方式和计算方法来完成调制不对称度的估计，从而提高 TOA 和 FOA 在此参数影响下的估计精度。

6.3　FOA 和 TOA 联合极大似然估计算法

FOA 和 TOA 联合极大似然估计算法的处理流程主要分为两步：第一步是在较大范围内完成 FOA、TOA 和数据位宽的搜索和估计，第二步是在第一步估计结果的基础上在较小范围内实现数据位宽和 TOA 的搜索和参数估计，得到更高精度的参数估计结果。详细的处理流程如图 6.3 所示。

6.3.1　FOA 和 TOA 联合极大似然估计算法的关键参数设计

FOA 和 TOA 联合极大似然估计算法的关键参数设计对于算法性能和系统性能至关重要。适当的参数选择可以提高测量精度、抗干扰性、多路径传播处理、计算效率和适应性，从而增强算法的可靠性和实用性。因此，关键参数设计是 FOA 和 TOA 估计算法开发的重要组成部分。

第 6 章　FOA 和 TOA 联合极大似然估计算法及实现

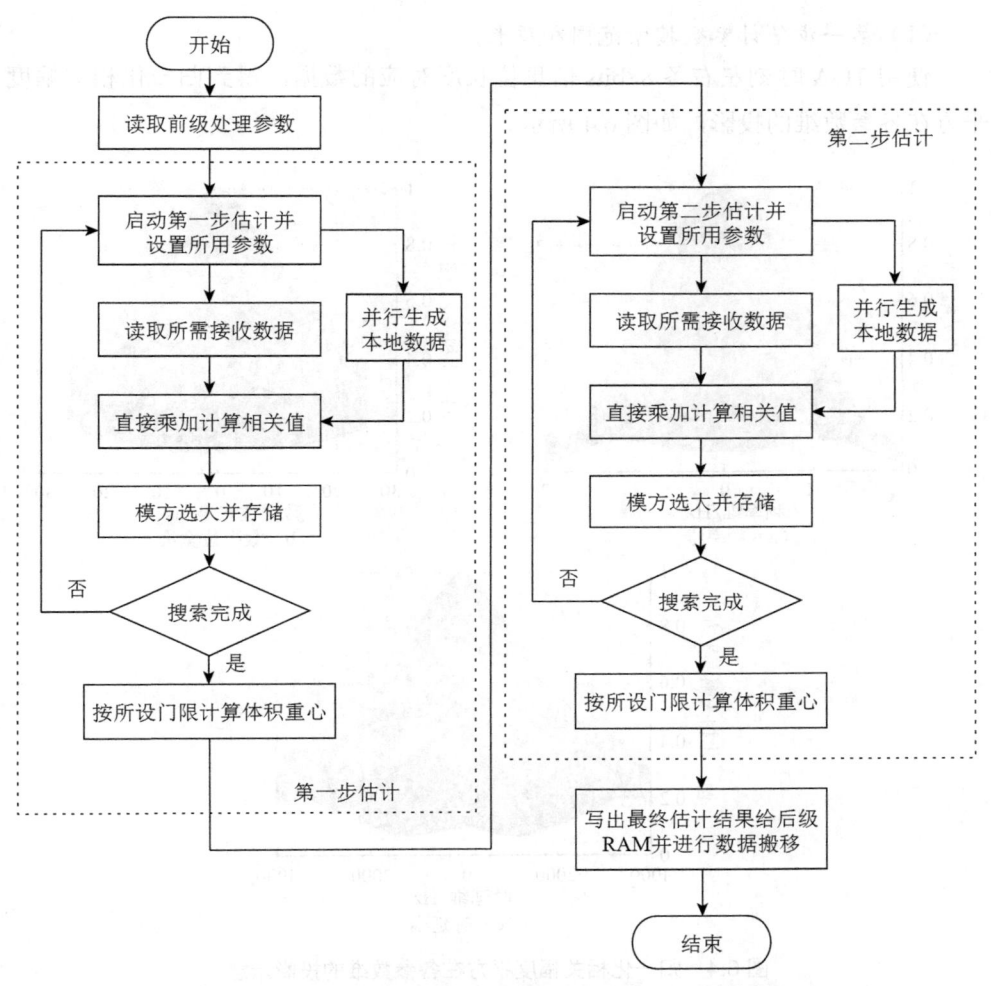

图 6.3　FOA 和 TOA 联合极大似然估计算法的处理流程

　　本节首先确定搜救信标信号高精度参数估计过程。第一步估计用于参数联合极大似然估计的各参数搜索范围和步长，然后根据仿真结果分析说明需进行第二步估计的原因，最后针对第二步估计的具体处理算法讨论处理过程中各个相关参数的设计选取。

（1）第一步估计参数搜索范围和步长。

使用 TOA 时刻左右各 88bits 信息位长度对应的数据，得到归一化相关幅度平方在各参数维的投影，如图 6.4 所示。

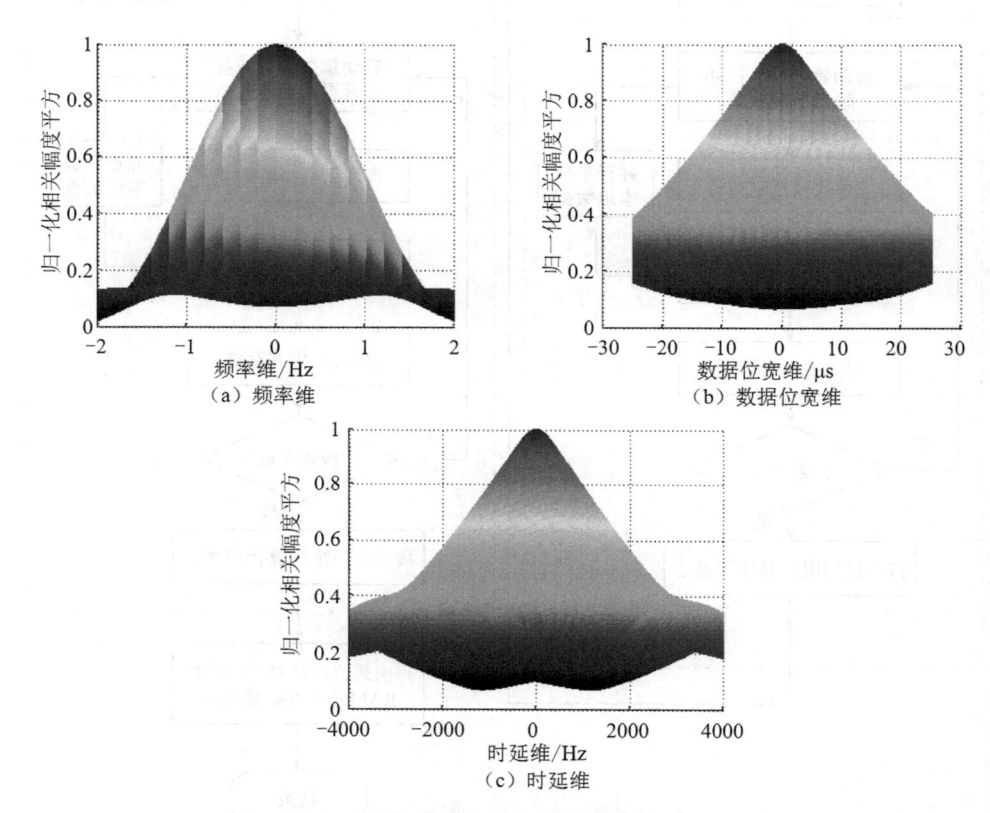

图 6.4　归一化相关幅度平方在各参数维的投影示意

由图 6.4 可知，归一化相关幅度平方值大于 0.8 时，频率、数据位宽和时延各维参数对应的范围分别约为 ±0.6Hz、±8μs、±1000μs。回顾 4.4 节中基于位帧同步的信号参数估计性能的统计结果，当载噪比为 34.8dBHz 时，得到的 FOA、TOA、数据位宽估计的标准差分别约为 0.14Hz、34μs、2.4μs。同时考虑这两个方面的因素，并设定一定裕量，可选择各维参数的搜索范围分别为 ±1.2Hz、±2000μs、±16μs。

参考 4.3 节中参数搜索步长的设计方法，并考虑硬件实现的计算量，同时结合仿真验证，确定频率、数据位宽和时延各维的搜索步长分别为 0.2Hz、

第 6 章　FOA 和 TOA 联合极大似然估计算法及实现

1μs、60μs，这样，三维分别需搜索的点数为 7、16、67，共得到 7504 个相关结果值。按照用于处理的接收数据可能的最短长度计算，得到一个相关值须进行 7210 次乘加运算。实现时，设计采用串并结合的方法使用 67 个乘法器分别对应不同时延同时计算时延维的相关值，然后串行搜索频率维和数据位宽维。

7504 个相关值存储在 FPGA 内部的 DPRAM 中，根据设定的门限 123/128，使用归一化相关幅度平方大于此门限的值参与体积重心的计算，经 1000 次统计仿真，得到不同载噪比下三个参数的估计结果，如图 6.5 所示。

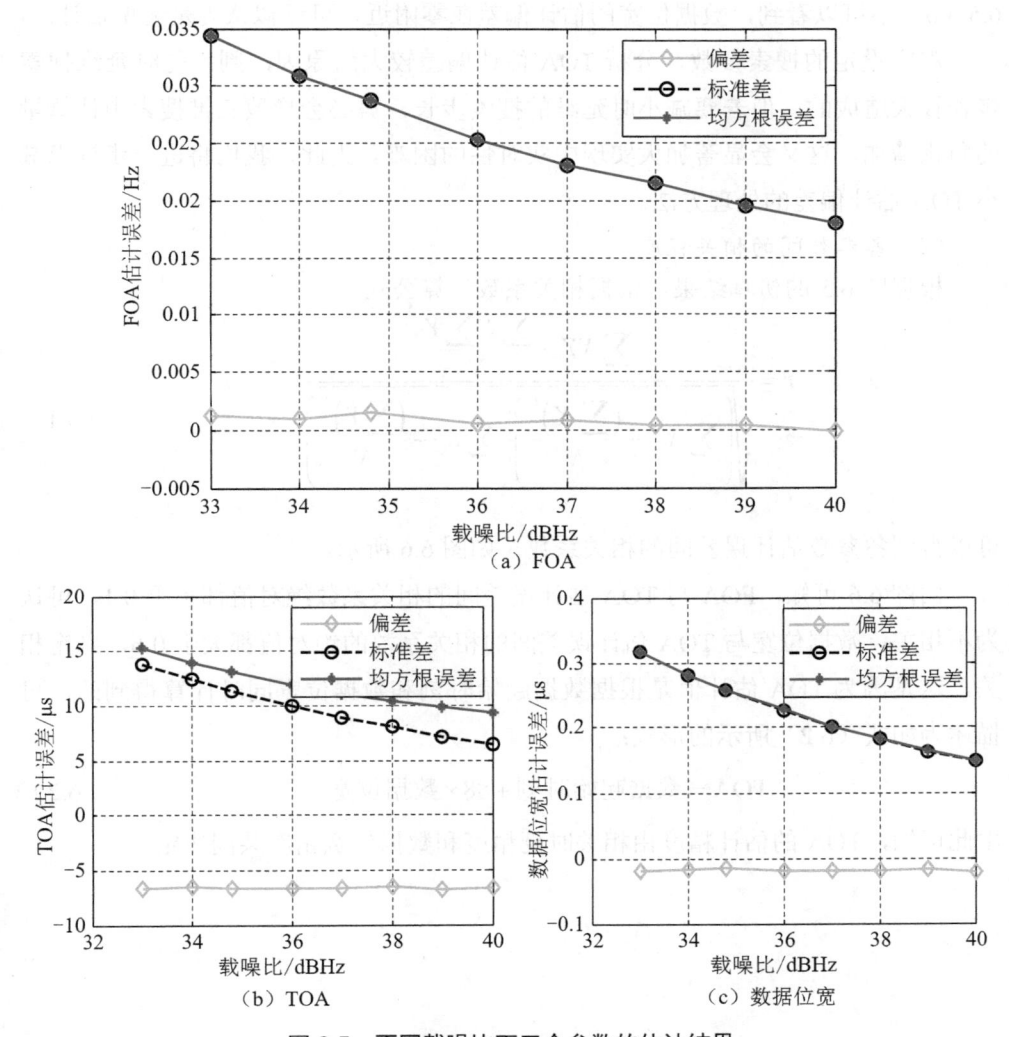

图 6.5　不同载噪比下三个参数的估计结果

由图 6.5（a）可知，在设定的搜索参数下，经三维搜索得到的 FOA 估计偏差趋于零，而且在载噪比不小于 33dBHz 时，得到的 FOA 估计标准差均小于 0.035Hz，完全满足载噪比为 34.8dBHz 时 FOA 估计标准差不大于 0.05Hz 的指标要求。

对于 TOA，由图 6.5（b）可知，当载噪比为 34.8dBHz 时，估计结果标准差约为 11.3μs，满足标准差不大于 13μs 的指标要求，但此时估计偏差较大，约为 –6.7μs，导致均方根误差达到 13.2μs，会影响后续信标定位处理的精度。在图 6.5（b）中可以看到，数据位宽的估计偏差在零附近，可近似认为是无偏估计。

观察设定的搜索参数，分析 TOA 估计偏差较大的原因，判定是时延维搜索步长较大造成的。但若要减小时延维的搜索步长，势必会导致三维搜索中计算量的急剧增加，这又会显著加大实现中实时性的困难。为此，我们将进一步寻求减小 TOA 估计偏差的处理方法。

（2）各参数间的相关程度。

根据图 6.5 的仿真结果，依据相关系数计算公式

$$r = \frac{\sum XY - \dfrac{\sum X \sum Y}{N}}{\sqrt{\left(\sum X^2 - \dfrac{(\sum X)^2}{N}\right)\left(\sum Y^2 - \dfrac{(\sum Y)^2}{N}\right)}} \quad (6.1)$$

可以得到各参数估计误差间的相关系数，如图 6.6 所示。

由图 6.6 可知，FOA 与 TOA 估计误差间的相关系数绝对值都小于 0.1，可认为不相关；数据位宽与 TOA 估计误差间的相关系数的绝对值都大于 0.6，判定相关，这是因为 TOA 估计值是根据数据起始时刻和数据位宽同时计算得到的，可描述为如式（6.2）所示的形式：

$$\text{TOA} = \text{数据起始时刻} + 88 \times \text{数据位宽} \quad (6.2)$$

由此可知，TOA 的估计精度由相关时延精度和数据位宽精度共同决定。

第 6 章　FOA 和 TOA 联合极大似然估计算法及实现

(a) FOA与TOA间的相关系数

(b) 数据位宽与TOA间的相关系数

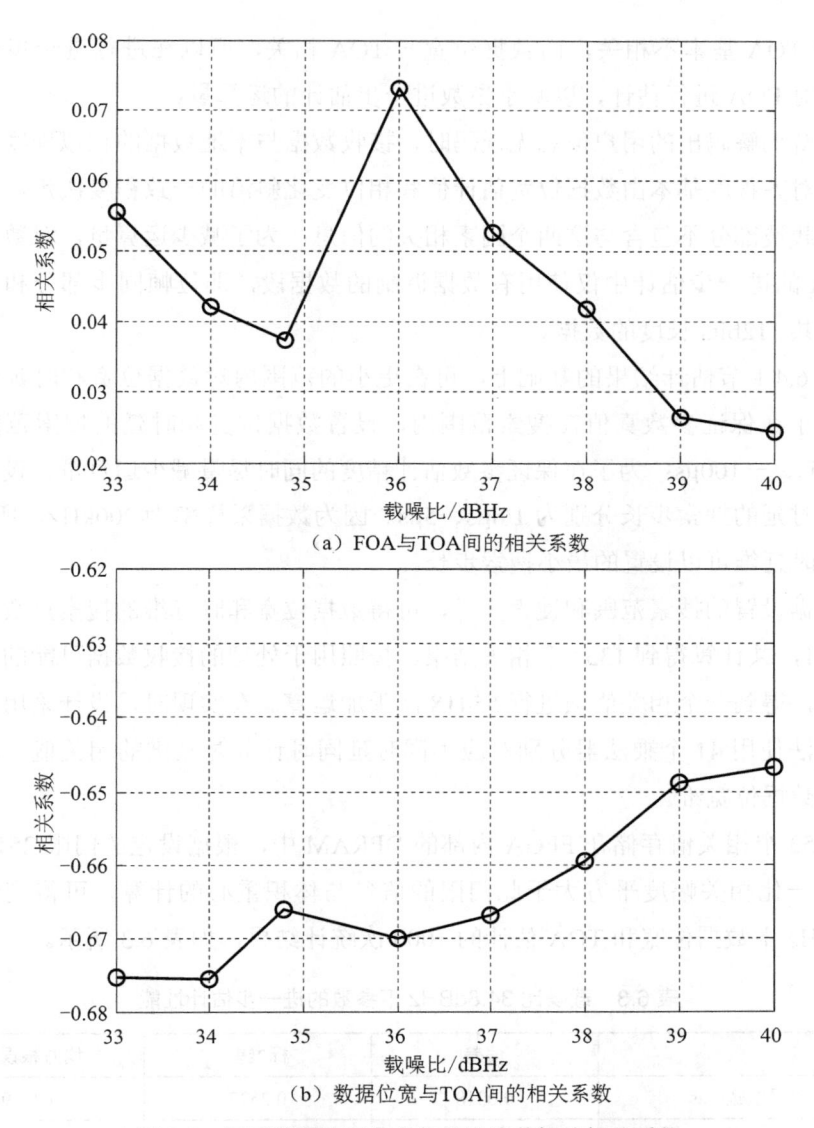

图 6.6　不同载噪比下各参数估计误差间的相关系数

(3) 第二步估计算法设计。

由图 6.5 中 FOA、数据位宽和 TOA 的估计结果可知,当载噪比为 34.8dBHz 时,FOA 估计的标准差已小于指标要求的 0.05Hz,无须进行进一步精估;而此时 TOA 估计的偏差较大,须进行进一步处理。同时,根据 6.4.2 节分析可知,

FOA 与 TOA 基本不相关，而数据位宽与 TOA 相关，所以在进行进一步处理时可不再对 FOA 进行估计，以减小参数进一步估计的运算量。

当解调解码出的用户信息无误码时，接收数据与本地数据的相似程度，即时延维的对齐程度基本由数据位宽估计值和相位变化斜沿的一致程度决定，而信标信号纯载波部分不包含与这两个因素相关的信息。为了减少运算量，对数据位宽和 TOA 的进一步估计中仅使用有数据调制的数据段，即位帧同步部分和数据信息部分共 112bits 长度的数据。

在 6.4.1 节估计结果的基础上，可在更小的范围内对数据位宽和时延进行搜索。为了在保证参数真值在搜索范围内，设置数据位宽和时延的搜索范围分别为 ±2μs、±100μs；为了在保证参数估计精度的同时尽量减少运算量，设置数据位宽和时延的搜索步长分别为 1/8μs、5μs。因为数据采样率为 200kHz，所以 5μs 已经是时延维可以设置的最小搜索步长。

根据设置的搜索范围和搜索步长，可得数据位宽和时延维的搜索点数分别为 33 和 41，共计算得到 1353 个相关结果。按照用于处理的接收数据可能的最短长度计算，得到一个相关值须进行 55418 次乘加运算。在实现时，设计采用串并结合的方法使用 41 个乘法器分别对应不同时延同时计算时延维的相关值，然后串行搜索数据位宽维。

1353 个相关值存储在 FPGA 内部的 DPRAM 中，根据设定的门限 251/256，使用归一化相关幅度平方大于此门限的值参与体积重心的计算，可得到载噪比 34.8dBHz 下数据位宽和 TOA 估计的 1000 次统计结果，如表 6.3 所示。

表 6.3　载噪比 34.8dBHz 下参数的进一步估计性能

	偏差	标准差	均方根误差
数据位宽 /μs	0.0018	0.2527	0.2529
TOA/μs	2.6027	11.4160	11.7034

由表 6.3 可知，经过进一步参数估计，当载噪比为 34.8dBHz 时，TOA 估计的偏差减小到 2.6μs，此时的标准差和均方根误差都不大于 13μs。

6.3.2 FOA 和 TOA 联合极大似然估计算法性能仿真验证

根据设计的搜索参数和处理流程，采用 MATLAB 完成算法两步处理的性能仿真，在不同载噪比下各进行 1000 次仿真，得到统计的参数估计结果如图 6.7 所示。

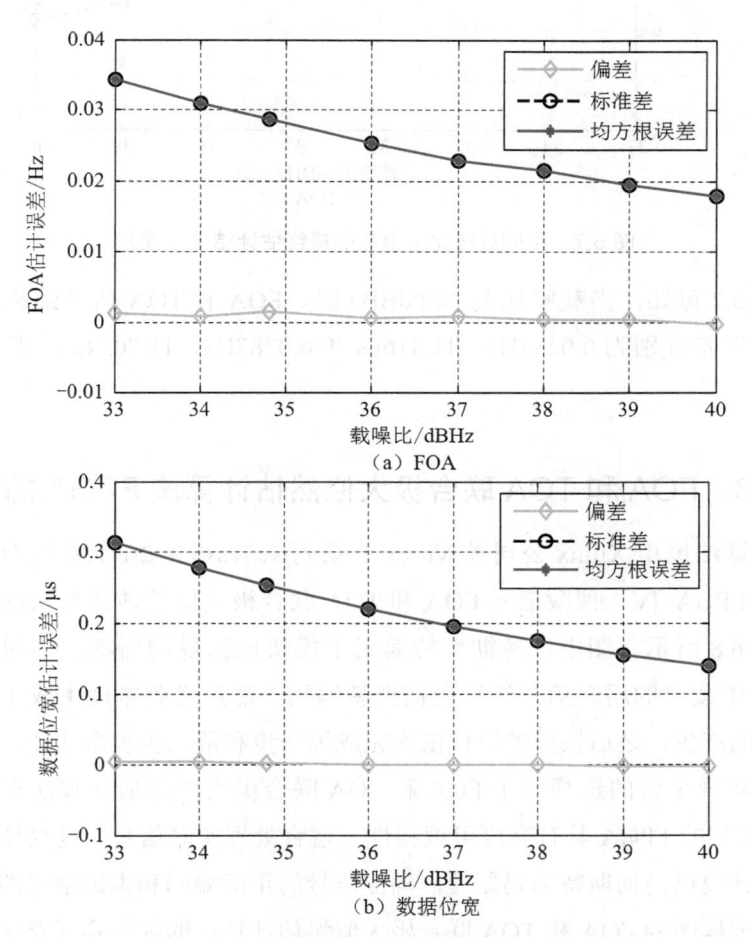

(a) FOA

(b) 数据位宽

图 6.7　不同载噪比下参数的最终估计结果

(c) TOA

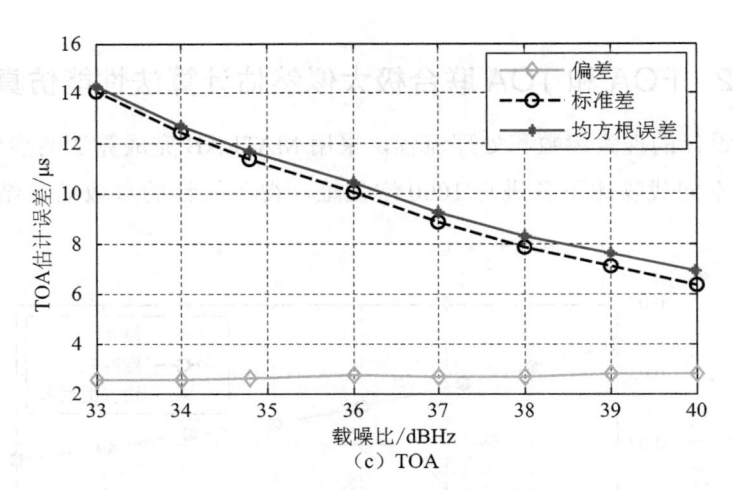

图 6.7 不同载噪比下参数的最终估计结果（续）

由图 6.7 可知，当载噪比为 34.8dBHz 时，FOA 和 TOA 估计结果的标准差和均方根误差分别为 0.0287Hz、11.416μs 和 0.0287Hz、11.7034μs，都能够满足指标要求。

6.3.3 FOA 和 TOA 联合极大似然估计算法 FPGA 的实现

本章算法选用 Xilinx 公司的 Virtex-5 系列 xc5vsx95t-2ff1136 作为硬件实现平台，即 FPGA-IV。搜救信号 FOA 和 TOA 联合极大似然估计算法的硬件实现框图如图 6.8 所示。图中，曼彻斯特编码子模块根据曼彻斯特编码原理，对从 DPRAM3 中读出的用户信息进行曼彻斯特编码，然后送到本地生成子模块完成本地信号的产生，之后按处理流程依次完成第一步和第二步参数估计。

硬件实现平台的选择对于 FOA 和 TOA 联合极大似然估计算法至关重要，Virtex-5 系列的 FPGA 具有高度可编程性，适合处理实时信号。曼彻斯特编码子模块的设计遵循曼彻斯特编码原理，确保信号的正确编码和本地信号的生成。这一硬件实现框图为 FOA 和 TOA 联合极大似然估计算法的硬件实现奠定了坚实的基础，有助于确保算法在实际应用中的可靠性和性能。使用 Xilinx ISE 9.2.04i 集成软件进行代码编写和调试，经逻辑综合、实现后得到的资源使用情况如表 6.4 所示。

第 6 章 FOA 和 TOA 联合极大似然估计算法及实现

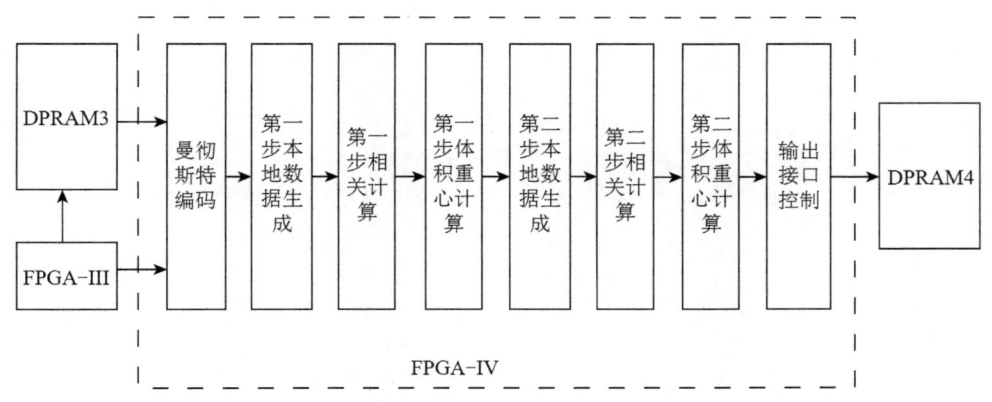

图 6.8 FPGA-IV 实现框图

表 6.4 FPGA-IV 的资源使用情况

资源名称	使用情况	包含数量	使用比例
Slice Registers	29436	58880	49%
Slice LUTs	37400	58880	63%
BlockRAM	133	244	54%
BUFGs	5	32	15%
DCM_ADVs	1	12	8%
DSP48Es	483	640	75%

FPGA-IV 的工作时钟为 80MHz，从读取 DPRAM3 的数据开始到将处理结果写入 DPRAM4，处理 1 个信标信号所用的总时间约为 90ms，满足 1s 内处理 8 个信标信号的时序要求。

6.4 本章小结

本章首先分析了影响参数估计结果的信标信号特征参数，通过仿真说明了它们对参数估计精度的影响；然后给出了算法的处理流程，分析了搜救信号 FOA 和 TOA 联合极大似然估计中的算法的关键参数的设计选取；最后给出了算法仿真性能，以及 FPGA 实现的资源和实时性情况。

·129·

第 7 章　伽利略搜救信号处理设备的实测性能

第 7 章 伽利略搜救信号处理设备的实测性能

7.1 引言

第 3～6 章的算法研究、设计和实现成果已集成到伽利略搜救信号处理设备 SPE 的硬件中，利用搜救信标信号发生设备模拟产生 SPE 所需的 70MHz 中频搜救信号，在不同条件下对其性能进行了大量的性能验证测试。伽利略搜救信号处理设备 SPE 具有六个处理通道，可同时接收处理六路中频信号。

本章将给出部分这些性能验证测试的结果，包括各测试项目的要求、测试中本章接收信号的具体参数设置和得到的统计性能结果。

7.2 虚警概率测试

测试要求：虚警概率小于等于 1×10^{-4}。

测试条件：设置噪声仪输出 –50dBm、–25dBm、0 三种电平的白噪声作为 SPE 的输入。

测试结果：不同条件下的虚警概率恒为 0。

7.3 处理容量测试

测试要求：单通道同时处理 5 个信标信号；单通道每分钟处理 180 个信标信号。

测试条件：搜救信标信号发生设备同时模拟产生 5 个信标信号，各信号参数的设置如表 7.1 所示，测试时间为 8966s。

表 7.1 各信号参数的设置

序号	载噪比/dBHz	信标信号电平/dBm	码速率/bps	发射间隔/s	多普勒频率/kHz	长短码
1	40	−20	396	1	−50	1−长
2	40	−20	398	1	−25	2−长
3	40	−20	400	1	0	3−长
4	40	−20	402	1	3	4−长
5	40	−20	404	1	40	5−长

注释：表 7.1 中长短码一项表示采用信标信息格式。

测试结果如表 7.2 所示。

表 7.2 测试结果

序号	载噪比/dB 偏差	标准差	均方根误差	FOA/Hz 偏差	标准差	均方根误差	TOA/μs 偏差	标准差	均方根误差	单次检测概率/%
1	0.3199	0.2425	0.4014	−0.0029	0.0179	0.0181	2.7623	5.7963	6.4111	100
2	0.0057	0.2471	0.2471	−0.0031	0.0180	0.0183	2.7061	5.9024	6.4929	100
3	−0.0731	0.2430	0.2537	−0.0099	0.0183	0.0208	3.0159	6.0087	6.7228	100
4	−0.0007	0.2448	0.2448	−0.0036	0.0184	0.0188	2.9298	6.0718	6.7414	100
5	−0.0449	0.2455	0.2496	−0.0015	0.0183	0.0183	2.6456	6.0176	6.5732	100

由测试结果可知，单通道每秒钟接收 5 个信标信号，每分钟接收 300 个信标信号，远高于每分钟处理 180 个信标信号的处理容量要求，并且单次检测概率为 100%。

7.4 载噪比估计精度测试

测试要求：载噪比在 33～40dBHz 范围的标准差小于等于 0.5dB。

第 7 章 伽利略搜救信号处理设备的实测性能

测试条件：单通道产生 1 个信标信号，间隔为 1s，设置载噪比分别为 33dBHz、34.8dBHz、37dBHz、40dBHz，其他参数设置如表 7.3 所示，测试时间为 1000s。

表 7.3 各信号参数的设置

序号	载噪比 /dBHz	信标信号电平 /dBm	码速率 /bps	多普勒频率 /Hz	长短码
1	33	−10	400	200	长
2	34.8	−10	400	200	长
3	37	−10	400	200	长
4	40	−10	400	200	长

测试结果如表 7.4 所示。

表 7.4 测试结果

序号	载噪比 /dB 偏差	载噪比 /dB 标准差	载噪比 /dB 均方根误差	FOA/Hz 偏差	FOA/Hz 标准差	FOA/Hz 均方根误差	TOA/μs 偏差	TOA/μs 标准差	TOA/μs 均方根误差	单次检测概率 /%
1	−0.0411	0.3727	0.3744	−0.0011	0.0356	0.0355	2.529	13.464	13.681	35.4
2	−0.3179	0.3656	0.4844	−0.0002	0.0294	0.0294	2.690	10.951	11.271	99.5
3	−0.2034	0.3001	0.3624	−0.0033	0.024	0.0242	2.627	8.504	8.897	100
4	−0.0486	0.2456	0.2502	−0.002	0.018	0.0181	2.193	6.116	6.495	100

由载噪比测试结果可知，随着载噪比的增加，估计结果统计标准差逐渐减小，而且在 33～40dBHz 范围的标准差小于 0.4dB，满足指标要求。

因为搜救信标信号发生设备产生信标信号的载噪比存在 ±0.5dB 以内的随机误差，并且 SPE 中各通道模拟电路性能存在一定差异，所以载噪比测量结果中有时可能存在一定偏差。另外，当载噪比为 33dBHz 时，单次检测概率仅为 35.4%，原因是 FPGA-Ⅲ 中对解码结果进行了判断，当出错位数大于 BCH 的纠错能力时，不再向后传送该组数据，造成在低载噪比下检测概率大大降低。

7.5　检测概率和误码率测试

测试要求：载噪比为 34.8dBHz 时，检测概率大于等于 99.99%（在虚警概率为 1×10^{-4} 时，5 分钟内），误码率小于等于 5×10^{-5}。信标发射间隔为 50s，5 分钟内可接收 6 个信标信号，而其中至少有三个完整信标信号与其他信号完全不存在时频冲突，所以对应的单次检测概率要求为大于等于 95.36%。

测试条件：每路产生 1 个信标信号，间隔为 1s，各输出 25000 次，信标信号载噪比均为 34.8dBHz，多普勒频率为 100Hz，相位变化沿方式为 250μs 对称斜线形式，而信标信号电平、码速率、调制度和调制不对称度的设置如表 7.5 所示。

表 7.5　检测概率和误码率测试条件

序号	信标信号电平 /dBm	码速率 /bps	调制度 /rad	调制不对称度 /%	长短码
1	−40	397	1.2	−1.1	4	长
2	−30	398	1.2	−1.2	3	长
3	−20	399	1.1	−1.0	2	长
4	−10	400	1.1	−1.1	1	长
5	−20	403	1.0	−1.1	3	短
6	−10	404	1.1	−1.2	5	短
7	0	401	1.1	−1.2	0	短
8	−30	402	1.0	−1.0	1	短

测试结果如表 7.6 所示。

第7章 伽利略搜救信号处理设备的实测性能

表7.6 检测概率和误码率测试结果

序号	载噪比/dB 偏差	载噪比/dB 标准差	载噪比/dB 均方根误差	FOA/Hz 偏差	FOA/Hz 标准差	FOA/Hz 均方根误差	TOA/μs 偏差	TOA/μs 标准差	TOA/μs 均方根误差	误码率 10⁻⁵	单次检测概率/%
1	−0.07	0.3657	0.3723	0.0226	0.0288	0.0366	27.442	11.440	29.731	0	99.97
2	−0.336	0.3734	0.5023	0.0096	0.0289	0.0304	21.301	11.247	24.088	0	99.96
3	−0.2039	0.3695	0.422	0.0279	0.0286	0.04	15.162	12.193	19.456	0.2	99.63
4	−0.0894	0.3649	0.3757	0.0018	0.0286	0.0287	8.735	11.539	14.472	0	99.88
5	−0.0573	0.3656	0.37	−0.0196	0.0282	0.0343	18.953	12.053	22.461	4.4	99.26
6	0.0697	0.3702	0.3767	−0.0393	0.0282	0.0484	30.460	11.547	32.575	3.5	99.58
7	−0.0079	0.3683	0.3684	−0.0291	0.0285	0.0407	1.014	11.101	11.147	2.1	99.85
8	−0.0971	0.3662	0.3788	0.0021	0.0283	0.0284	7.192	12.430	14.360	5.0	98.23

结论：在 8 种测试条件下得到的误码率和检测概率完全满足指标要求。

7.6 TOA 和 FOA 估计精度测试

在进行 TOA 和 FOA 估计性能测试时，载噪比都设置为 34.8dBHz，按测试目的的不同，将测试情况分为两类——指标测试和能力考查。具体的测试条件和测试结果将在本节分别进行描述。

7.6.1 指标测试

测试要求：载噪比为 34.8dBHz 时，TOA 小于等于 13μs（标准差），FOA 小于等于 0.05Hz（标准差）。

测试条件：每路产生 1 个信标信号，输出间隔为 1s，各输出 10200 次，信标信号载噪比均为 34.8dBHz，相位变化沿方式为 250μs 对称斜线形式，多普勒频率变化率为 0、相位调制度为 ±1.1 弧度、调制不对称度为 0，而信标信号电平、码速率和多普勒频率的设置如表 7.7 所示。

表 7.7　FOA 和 TOA 估计指标测试条件

序号	信标信号电平 /dBm	码速率 /bps	多普勒频率 /kHz	长短码
1	0	396	−50	长
2	−40	397	−40	长
3	−30	398	−30	长
4	−20	399	−20	长
5	−10	400	−10	长
6	0	401	0	长
7	−30	402	10	长
8	−20	403	20	长

测试结果如表 7.8 所示。

表 7.8　FOA 和 TOA 估计指标测试结果

序号	CNR/dB 偏差	CNR/dB 标准差	CNR/dB 均方根误差	FOA/Hz 偏差	FOA/Hz 标准差	FOA/Hz 均方根误差	TOA/μs 偏差	TOA/μs 标准差	TOA/μs 均方根误差	单次检测概率/%
1	0.0694	0.3687	0.3752	−0.0022	0.0282	0.0283	2.833	11.495	11.839	99.90
2	0.1269	0.362	0.3836	0	0.0287	0.0287	2.759	11.448	11.775	99.94
3	−0.0734	0.3655	0.3728	−0.0031	0.0287	0.0289	2.788	11.649	11.978	99.82
4	−0.0072	0.3679	0.368	−0.0019	0.0283	0.0284	3.015	11.672	12.055	99.68
5	−0.5347	0.3828	0.6576	−0.0002	0.0298	0.0298	2.738	12.404	12.702	99.67
6	−0.2668	0.3851	0.4465	−0.0059	0.0284	0.029	2.860	11.732	12.075	99.83
7	−0.2857	0.3802	0.4756	−0.0014	0.0294	0.0294	2.918	11.922	12.273	99.82
8	0.1381	0.3549	0.3808	−0.0003	0.0275	0.0275	2.908	11.353	11.719	99.83

结论：在要求的不同测试条件下，所测 FOA 和 TOA 的标准差分别都小于 0.05Hz、13μs，完全满足各项指标的要求。

7.6.2 能力考查

在能力测试中将上节一直未考虑的其他因素设置进来，观察算法对这些参数的适应能力。

测试条件：每通道产生 1 个信标信号，间隔为 1s，各输出 10200 次，信标信号载噪比均为 34.8dBHz，其他的参数有信标信号电平、码速率、相位变化形式、多普勒频率、多普勒变化率、调制度、调制不对称度，将它们设置为如表 7.9 所示的 8 种情况。

表 7.9 FOA 和 TOA 估计能力考查测试条件

序号	信标信号电平 /dBm	码速率 /bps	相位变化形式	多普勒频率 /kHz	多普勒变化率 /(Hz/s)	调制度 /rad	调制不对称度 /%	长短码
1	0	396	150μs/5 次曲线	50	1	1.2	−1.2	5	长
2	−40	397	150μs/2 次曲线	40	0.2	1.2	−1.1	1	长
3	−30	398	150μs/3 次曲线	30	0.5	1.2	−1.0	2	长
4	−20	399	150μs/4 次曲线	20	0.7	1.1	−1.2	3	长
5	−10	400	150μs/5 次曲线	10	1	1.1	−1.1	4	长
6	−0	401	150μs/4 次曲线	0	0.7	1.1	−1.0	5	长
7	−10	402	150μs/3 次曲线	−10	0.5	1.0	−1.2	4	长
8	−20	403	150μs/2 次曲线	−20	0.2	1.0	−1.1	0.03	长

测试结果如表 7.10 所示。

表 7.10　FOA 和 TOA 估计能力考查测试结果

序号	CNR/dB 偏差	CNR/dB 标准差	CNR/dB 均方根误差	FOA/Hz 偏差	FOA/Hz 标准差	FOA/Hz 均方根误差	TOA/μs 偏差	TOA/μs 标准差	TOA/μs 均方根误差	单次检测概率/%
1	−0.4954	0.3845	0.627	−0.0282	0.0345	0.0445	24.564	11.080	26.947	98.22
2	−0.2368	0.3749	0.4434	0.0179	0.0291	0.0341	2.288	10.644	10.887	99.21
3	−0.0115	0.3693	0.3695	0.033	0.0296	0.0443	6.945	10.782	12.825	99.81
4	0.1202	0.3634	0.3827	−0.0447	0.0303	0.054	12.051	10.426	15.935	99.89
5	−0.1627	0.3756	0.4093	−0.0282	0.0329	0.0434	17.214	11.031	20.445	99.58
6	−0.2488	0.3763	0.4511	0.0085	0.0314	0.0325	24.035	11.536	26.660	99.17
7	−0.3136	0.3723	0.4867	−0.0611	0.0301	0.0681	18.876	11.288	21.994	99.34
8	−0.0143	0.3637	0.364	−0.0293	0.0284	0.0409	14.127	11.250	18.059	99.48

结论：由表 7.10 可知，针对每种测试条件，各参数的标准差与之前指标测试中的相比基本不变，但 TOA 的偏差存在较大变化，并且随着调制不对称度的增加而增大。如 6.2.2 节所述，若要减小此参数对估计结果的影响，可把它作为一维参数进行搜索，参与参数估计。

7.7　本章小结

本章给出了伽利略搜救信号处理设备的实测性能。测试结果表明，设备所有参数性能均满足指标要求。在 TOA 和 FOA 测试时，还给出了设备能力考查测试结果。这些实测结果与第 3～6 章的分析和计算机仿真结果均相吻合，表明了算法设计、分析和 FPGA 的实现均正确无误。

参考文献

[1] 刘鲲. 弱信号检测与处理技术发展研究 [J]. 中国西部科技, 2015, 14(9): 95-97.

[2] 任志宏, 李微, 蒋锴. 深空通信中基于小波阈值算法的弱信号检测 [J]. 网络安全技术与应用, 2018(7).

[3] [美]Elliott D. Kaplan. GPS 原理与应用 [M]. 北京：电子工业出版社, 2002.

[4] 李明峰, 冯宝红, 刘三枝. GPS 定位技术及其应用 [M]. 北京：国防工业出版社, 2006.

[5] [美]Pratap Misra, [美]Per Enge. 全球定位系统：信号、测量与性能 [M]. 罗鸣, 曹冲, 肖雄岳, 等, 译. 北京：电子工业出版社, 2008.

[6] 贾东升, 王飞雪. 欧洲伽利略计划及其新技术概述 [J]. 航空电子技术, 2003, 34(3): 5-9.

[7] 何立居. Galileo 系统及其搜救服务 [J]. 航海技术, 2008(4): 38-39.

[8] 曾晖, 林墨, 李瑞, 等. 全球卫星搜索与救援系统的现状与未来 [J]. 航天器工程, 2007, 16(5): 80-84.

[9] 柳邦声. 全球卫星搜救系统(COSPAS-SARSAT)的发展与应用 [J]. 世界海运, 2006, 29(5): 4-6.

[10] [美]Steven M. Kay. 统计信号处理基础：估计与检测理论 [M]. 罗腾飞, 张文明, 刘忠, 等, 译. 北京：电子工业出版社, 2006.

[11] 吴嗣亮, 马淑芬. 近代信号处理 [M]. 北京：北京理工大学出版社, 2004.

[12] 胡广书. 数字信号处理：理论、算法与实现 [M]. 北京：清华大学出版社, 1997.

[13] 朱华, 黄辉宁, 李永庆, 等. 随机信号分析 [M]. 北京：北京理工大学出版社, 1991.

[14] 曹晖, 李集林. 一种基于 FFT 的 Galileo 搜救信号频域检测方法 [J]. 中国空间科学技术, 2008(6): 41-44.

[15] 江国舟, 江超. 微弱信号检测的基本原理与方法研究 [J]. 湖北师范学院学报, 2001, 21(4): 45-48.

[16] 罗伟雄, 韩力, 原东昌, 等. 通信原理与电路 [M]. 北京：北京理工大学出版社, 1999.

[17] 张宗橙. 编码原理与运用 [M]. 北京：电子工业出版社, 2003.

[18] 姜昌, 范晓玲. 航天通信跟踪技术导论 [M]. 北京：北京工业大学出版社, 2003.

[19] 翁妍屏. 小卫星地面站位同步器的研制 [D]. 哈尔滨：哈尔滨工业大学, 2005.

[20] 颜远. 同步原理在 E1 链路扩展中的运用 [D]. 武汉：武汉理工大学, 2004.

[21] [美]Bernard Sklar. Digital Communications Fundamentals and Applications [M]. 北京：电子工业出版社, 2002.

[22] 王福昌, 鲁昆生. 锁相技术 [M]. 武汉：华中科技大学出版社, 1996.

[23] 卞晓晓, 殷奎喜, 胡震宇. 基于群变换的 BCH 编码在超宽带通信系统中的误码率分析 [D]. 南京：南京师范大学物理科学与技术学院, 2005.

[24] 陈运, 周亮, 陈新. 信息论与编码 [M]. 北京：电子工业出版社, 2007.

[25] 柯炜, 殷奎喜. 一种 BCH 码的新型译码方法及其 FPGA 器件实现 [J]. 电讯技术, 2004(2): 157-160.

[26] 沈珍梅. BCH(31, 16, 3) 纠错编码译码电路设计 [J]. 计算机与网络, 2003.

[27] 王志丹, 李署坚. 高动态解扩接收机的载波跟踪与数据解调 [J]. 研究与分析, 2001(4).

[28] 郑鸥, 张晓林, 杨昕欣. 伽利略搜救系统多路信号融合及信噪比估计算法 [J]. 遥测遥控, 2008, 29(2): 36-41.

[29] 李辉, 吴争. 一种 QPSK 突发信号的信噪比估计方法 [J]. 无线电工程, 2007, 37(9): 26-27, 50.

[30] Ardizzon F, Laurenti N, Tomasin S. Multi-Round Message Scheduling for Fast GNSS Packet Broadcasting[J]. IEEE Transactions on Aerospace and Electronic Systems, 2023.

[31] Šugar D, Kliman A, Bačić Ž, et al. Assessment of GNSS Galileo Contribution to the Modernization of CROPOS's Services[J]. Sensors, 2023, 23(5): 2466.

[32] Schmidt K, Schwerdt M, Hajduch G, et al. Radiometric Re-Compensation of Sentinel-1 SAR Data Products for Artificial Biases due to Antenna Pattern Changes[J]. Remote Sensing, 2023, 15(5): 1377.

[33] Morrison A, Sokolova N, Gerrard N, et al. Radio-Frequency Interference Considerations for Utility of the Galileo E6 Signal Based on Long-Term Monitoring by ARFIDAAS[J]. NAVIGATION: Journal of the Institute of Navigation, 2023, 70(1).

[34] Abouelez A E. Performance analysis of coherent DPSK SIMO laser-based satellite-to-ground communication link over weak-to-strong turbulence channels considering Kolmogorov and non-Kolmogorov spectrum models[J]. Optical and Quantum Electronics, 2023, 55(4): 374.

[35] Li Y, Wu H, Meng D, et al. Ground Positioning Method of Spaceborne SAR High-Resolution Sliding-Spot Mode Based on Antenna Pointing Vector[J]. Remote Sensing, 2022, 14(20): 5233.

[36] Wang F, Du W, Yuan Q, et al. Wander of a gaussian-beam wave propagating through kolmogorov and non-kolmogorov turbulence along laser-satellite communication uplink[J]. Atmosphere, 2022, 13(2): 162.

[37] Kakoullis D, Fotiou K, Melillos G, et al. Considerations and Multi-Criteria Decision Analysis for the Installation of Collocated Permanent GNSS and SAR Infrastructures for Continuous

Space-Based Monitoring of Natural Hazards[J]. Remote Sensing, 2022, 14(4): 1020.

[38] Fang Y, Chen J, Wang P, et al. An image formation algorithm for bistatic SAR using GNSS signal with improved range resolution[J]. IEEE Access, 2020(8): 80333-80346.

[39] Li G, Guo S, He Z, et al. BDS-3 SAR service and initial performance[J]. GPS Solutions, 2021, 25(4): 134.

[40] Du W, Yuan Q, Cheng X, et al. Scintillation index of a spherical wave propagating through Kolmogorov and non-Kolmogorov turbulence along laser-satellite communication uplink at large zenith angles[J]. Journal of Russian Laser Research, 2021(42): 198-209.

[41] Shan X, Menyuk C, Chen J, et al. Scintillation index analysis of an optical wave propagating through the moderate-to-strong turbulence in satellite communication links[J]. Optics Communications, 2019(445): 255-261.

[42] Yue P, Wu L, Yi X, et al. Performance analysis of a laser satellite-communication system with a three-layer altitude spectrum over weak-to-strong turbulence[J]. Optik, 2017(148): 283-292.

[43] Antoniou M, Cherniakov M. GNSS-based bistatic SAR: A signal processing view[J]. EURASIP Journal on Advances in Signal Processing, 2013, 2013(1): 1-16.

[44] Zeng Z, Shi Z, Zhou Y, et al. An improved pre-processing algorithm for resolution optimization in galileo-based bistatic sar[J]. IEEE Access, 2019(7): 122972-122981.

[45] Renga A, Graziano M D, D'Errico M, et al. Galileo-based space-airborne bistatic SAR for UAS navigation[J]. Aerospace Science and Technology, 2013, 27(1): 193-200.

[46] Ma H, Antoniou M, Cherniakov M. Passive GNSS-based SAR resolution improvement using joint Galileo E5 signals[J]. IEEE Geoscience and Remote Sensing Letters, 2015, 12(8): 1640-1644.

[47] Lewandowski A, Niehoefer B, Wietfeld C. Galileo/SAR: Performance aspects and new service capabilities[J]. International Journal of Satellite Communications and Networking, 2011, 29(5): 441-460.

[48] Bartolomé J P, Maufroid X, Hernández I F, et al. Overview of Galileo system[M]//GALILEO Positioning Technology. Dordrecht: Springer Netherlands, 2014.

[49] Ilcev D. S. Cospas-Sarsat LEO and GEO: Satellite distress and safety systems (SDSS) [J]. International Journal of Satellite Communications and Networking, 2007(25): 559-573.

[50] Ahmed M. Satellite-aided Search and Rescue (SAR) System [C]. 2006 International Conference on Advances in Space Technologies, 2006: 43-48.

[51] Cinar Tolga, Ince Fual. Contribution of GALILEO to Search and Rescue [C]. Proceedings of 2nd Internaltional Conference on Recent Advances in Space Technologies, 2005: 254-259.

[52] GALILEO Mission High Level Definition: European Commission & ESA report. Sept. 23, 2002.

[53] Hahn J. GALILEO search and rescue mission on Galileo: overall concept. Seville, Spain: GNSS, 2001.

[54] NASA Search and Rescue Mission Office [DB]. Accessed at http://poes.gsfc.nasa.gov/sar/sar.htm.

[55] United States Coast Guard Office of Search and Rescue [DB]. Accessed at http://www.uscg.mil/hq/g-o/g-opr/sar.htm.

[56] United States Air Force Rescue Coordination Center [DB]. Accessed at http://www.2.acc.af.mil/afrcc.

[57] Cospas-Sarsat. Report of the Experts' Working Group on the Beacon Message Traffic Model. Cospas-Sarsat Experts' Working Group, Montreal, Canada, January 16-18, 2007.

[58] Cospas-Sarsat. JC-22 Document Package. Cospas-Sarsat Joint Committee 22th Meeting (JC-22), 2007.

[59] Cospas-Sarsat. Report of The Experts' Working Group Meeting on The MEOSAR Proof-Of-Concept (POC)/ In-Orbit Validation (IOV) Phase (EWG-1/2008) Brussels, Belgium: Cospas-Sarsat, March 3-7, 2008.

[60] Cospas-Sarsat. Report of the Experts' Working Group Meeting on the MEOSAR Proof-Of-Concept (POC)/ In-Orbit Validation (IOV) Phase (EWG-2/2009). Montreal, Canada: Cospas-Sarsat, March 9-13, 2009.

[61] Ho K. C., Chan Y. T. Geolocation of a known altitude object from TDOA and FDOA measurements [J]. IEEE Transactions on Aerospace and Electronic Systems, 1997, 33(3): 770-783.

[62] Gambhir B. L., Wallace R. G., Affens D. W. Improved COSPAS-SARSAT locating with geostationary satellite data [J]. IEEE Transactions on Aerospace and Electronic Systems, 1996, 32(4): 1405-1411.

[63] Aboutanios E., Mulgrew B. Iterative frequency estimation by interpolationon fourier coefficients [J], IEEE Trans. Signal Processing, 2005, 53(4): 1237-1242.

[64] Aboutanios E. A modified dichotomous search frequency estimator [J]. Signal Processing Letters, IEEE 2004, 11(2): 186-188.

[65] Zakharov Y. V., Baronkin V. M., Tozer T. C. DFT-based frequency estimators with narrow acquisition range [J]. Proc. Inst. Elect. Eng. Commun, 2001, 148(1): 1-7.

[66] Macleod M. D. Fast nearly ML estimation of the parameters of realor complex single tones or resolved multiple tones [J]. IEEE Trans. Signal Processing, 1998, 46(1): 141-148.

[67] Quinn B. G. Estimation of frequency, amplitude and phase from the DFT of a time series [J]. IEEE Trans. Signal Processing, 1997, 45(3): 814-817.

[68] Kandeepan S., Reisenfeld S. Analysis of a discrete complex sinusoid frequency estimator based on single-delay multiplication method [C]. Proceedings of International Symposium on Information Theory. ISIT 2005: 1451-1454.

[69] Reisenfeld S., Aboutanios E. A new algorithm for the estimation of the frequency of a complex exponential in additive Gaussian noise [J]. IEEE Commun. Lett. 2003, 7(11): 549-551.

[70] Sverre H. Optimum FFT-based frequency acquisition with application to COSPAS-SARSAT [J]. IEEE Transactions on Aerospace and Electronic Systems, 1993, 29(2): 464-475.

[71] Liu Gang, He Bing, Li Jilin. A new FOA estimation method in SAR/GALILEO system [C]. Second International Conference on Space Information Technology. Proc. Of SPIE, Vol. 6795. 2007.

[72] Cospas-Sarsat Council. Specification for Cospas-Sarsat 406 MHz distress beacons [DB]. Tech. Rep. T. 001, COSPAS-SARSAT, November 2005, Available at http://www.cospassarsat.org.

[73] So H. C., Ching P. C., Chan Y. T. A new algorithm for explicit adaptation of time delay [J]. IEEE Trans. Signal Processing, 1994, 42(7): 1816-1820.

[74] Carter C. Coherence and time delay estimation [J]. Proceedings of IEEE, 1997, 75(2): 236-255.

[75] Tugnai J. K. Time delay estimation with unknown spatially correlated Gaussian noise [J]. IEEE Transactions on Signal Processing, 1993, 41(2): 549-558.

[76] Carles F. P. Advanced Signal Processing Techniques for Global Navigation Satellite Systems Receivers. Department of Signal Theory and Communications Universitat Politecnica de Catalunya, 2005.

[77] Gomez P. C., Prades C. F., Rubio J. A. F., etc. Design of local user terminals for search and rescue systems with MEO satellites [C]. Proceedings NAVITEC, Noordwijk, the Netherlands, December 2004, ESA/ESTEC.

[78] Sarthou M., Claude Gal. Sarsat-3 new generation beacon general specification. Tech. Rep., CNES, 2003.

[79] Dessouky M. I, Carter C. R. Spectral analysis of ELT signals for SARSAT [J]. IEEE Transactions on Aerospace and Electronic Systems, 1987, AES-23(5): 664-677.

[80] Dessouky M. I. Fundamental Analysis for the processing of SARSAT signals at baseband [D]. McMaster University, Canada, 1986.

[81] Dessouky M. I., Carter C. R. A bsaeband processor for SARSAT signals [J]. Canadian Joumal, Electrical & Comp. Eng. 1988, 13(2): 59-73.

[82] Liu Gang, He Bing, Feng Hui, Zheng Wenda. A novel TOA estimation algorithm for SAR/Galileo system [C]. IEEE International Conference on Systems, Man and Cybernetics. SMC 2008: 3554-3557.

[83] DeBrunner L. S., Wang Y. Optimizing filter order and coefficient length in the design of high performance FIR filters for high throughput FPGA implementations[C]. 4th Digital Signal Processing Workshop, 2006: 608-612.

[84] Ying Li, Chungan Peng, Dunshan Yu, Xing Zhang. The implementation methods of high speed FIR filter on FPGA[C]. 2008 9th International Conference on Solid-State and Integrated-Circuit Technology, Beijing, China, 20-23 Oct. 2008: 1-4.

[85] Kho J., Loh C. I., Moo W. H., Fong C. S., Wong M. Extended analysis of SSN effect on phase-locked loop (PLL) circuit[C]. Electrical Design of Advanced Packaging & Systems Symposium, 2009: 1-4.

[86] Spalvieri A. Optimal loop filter of the discrete-time PLL in the presence of phase noise[C]. 11th IEEE Symposium on Computers and Communications, ISCC 2006: 1013-1018.

[87] Homas C. M. T. Maximum Likelihood estimation of Signal-to-Noise Ratio. IEEE Trans. Common., June 1968, COM-16: 479-486.

[88] Pauluzzi D. R., Beaulieu N. C. A comparison of SNR estimation techniques for the AWGN channel [J]. IEEE Trans on Comm, 2000, 48(10): 1681-1691.

[89] Pauluzzi D. R., Beaulieu N. C. .A comparison of SNR estimation techniques in the AWGN channel[J]. IEEE Pacific Rim Conference on Communications, Computers, and Signal Processing, 1995: 36-39.

[90] Grant P. M., Spangenberg S. M., cottI. S, McLaughlin S. Doppler estimation for fast acquisition in spread spectrum communication systems - spread spectrum techniques and applications [C]. 1998 IEEE 5th International Sympo, Proceedings, 1998.

[91] Xilinx Inc. Virtex-V Platform FPGA user guide [DB]. www. xilinx. com, 2007-3-28.

[92] Caffery J. J., Stuber G. L. .Overview of radiolocation in CDMA cellular systems [J]. IEEE Communication Magazine, 1998: 38-45.

[93] Seco-Granados, G., Fernander-Rubio J. A., Fernandez-Prades C. ML estimator and Hybrid beamformer for multipath and interference mitigation in GNSS receivers [J]. IEEE Transactions on Signal Processing, 2005, 53(3): 1194-1208.

[94] Yosuke T., Yasushi M. .Delay time estimation using Hilbert transform and new extrapolation procedure [C]. SICE Annual Conference in Sapporo, August 4, 2004, Hokkaido Institute of Tecnology, Japan.

[95] Grestel J., Emile B., Guitton M. etc. A Doppler frequency estimate using the instantaneous frequency[C]. The 13th International Conference on Digital Signal Processing Proceedings, 1997: 777-780.

[96] Vrckovnik G., Carter C. R. .406 MHz ELT signal spectra for SARSAT [J]. IEEE Transactions

on Aerospace and Electronic Systems. 1991, 27(2): 388-407.

[97] Ho K. C., CHAN Y. T. .Solution and performance analysis of geolocation by TDOA [J]. IEEE Transactions on Aerospace and Electronic Systems. 1993, 29(4): 1311-1322.

[98] Stewart A. D. Comparing time-based and hybrid time-based/frequency based multi-platform GEO-location systems. Monterey, California: Naval Postgraduate School, USA, 1997.

[99] Prades C. F., Gomez P. C., Rubio J. A. F. .Time-frequency estimation in the COSPAS/SARSAT system using antenna arrays: variance bounds and algorithms[C]. ION GNSS 18th International Technical Meeting of the Satellite Division, Long Beach, CA September 2005.

[100] Prades C. F., Gomez P. C., Rubio J. A. F. .Advanced signal processing techniques in local user terminals for search & rescue systems based on MEO satellites[C]. ION GNSS 18th International Technical Meeting of Satellite Division, Long Beach, CA, USA, Sept 2005: 1349-1360.

[101] Xinyu M., Nikias C. L. .Joint estimation of time delay and frequency delay in impulsive noise using fractional lower order statistics [J]. IEEE Transactions on Signal Processing, 1996, 44(11): 2669-2687.

[102] Ouahabi A., Kouame D. Fast techniques for time delay and Doppler estimation [C]. The 7th IEEE International Conference on Electronics, Circuits and Systems, ICECS 2000: 337-340.

[103] Streight D. A., Lott G. K., Brown W. A. .Maximum Likelihood estimates of the time and frequency differences of arrival of weak cyclostationary digital communications signals, 21st Century Military Communications Conference Proceedings, MILCOM 2000: 957-961.